구/움/과/자/편

누구나 홈베이킹

by J'ADORE

지식오름

Prologue

따뜻하지만 동시에 선선한 바람이 불어오는 뉴욕의 어느 카페 테라스에 앉아서 두 번째 베이킹 책을 위한 프롤로그를 썼다가 지웠다가 한다. 일단 먹자. 상큼한 라임파이 한 조각과 시원한 아이스 아메리카노를 먹으며 언제 처음 베이킹을 시작했는지 돌아본다. 바야흐로 2017년, 회사에 다니면서 취미로만 하던 베이킹에 대해 점점 진지한 마음이 생기면서 나카무라 아카데미 수업을 들을까 고민했을 때다. "집에서 혼자 베이킹 하지 무슨 큰돈을 들여 학교를 또 다녀?"라고 주변 사람들 모두가 나를 말렸다. 응원을 해줘도 할까 말까 고민하게 되는데 하물며 모두가 말릴 때는 왠지 그 말이 정답처럼 느껴진다. 하지만 누구의 도움 없이 혼자서 무언가를 해내기란 웬만한 의지로는 되지 않는다. 그때부터였던 것 같다. 내가 가야 할 길을 정하면, 나는 일단 가보는 쪽을 택한다. 모두 가지 말라고 하면 불안해하면서도 슬금슬금 진입한다. 그게 내가 제과를 전문적으로 공부하게 된 시작이었다.

2018년, 자도르라는 이름으로 유튜브 채널을 개설했다. 당시에도 나는 유튜브 영상 올리는 법을 배우기 위해 오프라인 수업을 들었다. 그땐 지금처럼 유튜브가 활성화되지 않았을 때다. 이렇게 말하니 아주 오래된 것처럼 느껴지지만 이제 6년차. 새롭게 무언가를 배울 때마다 나보다 잘하는 사람들의 노하우를 듣는 게 가장 지름길이라고 생각해 왔다. 그래서 내가 운영하고 있는 유튜브 채널 '자도르'의 컨셉 또한 베이킹을 배우고 싶은 사람들에게 아주 쉽고 자세하게 설명해서 노하우를 알려주는 것으로 잡았고, 지금까지도 그 컨셉을 지키려고 노력하고 있다.

영광스럽게도 그렇게 1년 후 작지만 드문드문 베이킹 강의를 시작하면서 이제는 베이킹을 가르치는 사람으로도 불리고 있다. 그럼에도 나는 언제나 아직도 배울 것이 많다고 느낀다. 한국에서 유튜브만 하기에도 바쁜데 미국으로 건너가 뉴욕에서 요리 학교를 다닌 것도 그런 이유에서였다. 비싼 맨해튼에서도 가장 비싼 동네에 있는 학교라서 그런지 한국에서 보다 학비가 몇 배는 비쌌다. 그동안의 유튜브 수입과 퇴사 후 통장에 모아 뒀던 퇴직금을 털어 학비를 냈다. 다시 베이킹 스쿨에 들어간다고 하니 이번에도 주변 사람들이 말렸다. “이미 잘 되고 있는데 뭐 하러 그 비싼 돈을 내고 들어가?”라고 말이다. 나는 살짝 또 고민했다. 그 돈이면 주식도 사고, 맛있는 디저트도 마음껏 사 먹고, 예쁜 신상 명품가방도 살 수 있을 텐데, 하고 말이다. 그렇지만 배움에 대한 투자는 결코 마이너스가 될 리는 없다고 믿으며 살아왔기 때문에 그렇게 또 남들이 가지 말라는 길로 진입했다.

유럽, 남미, 인도 등 세계 곳곳에서 온 친구들과 선의의 경쟁을 하면서 처음엔 영어로 진행되는 수업이 너무 힘들어 후회도 했다. 게다가 뉴저지에서 맨해튼까지 매일 새벽 5시에 일어나서 등교해야 했다. 학교가 끝나는 오후에는 맨해튼 구경할 정신도 없이 바로 집으로 가서 유튜브 촬영을 위해 레시피를 연구하고 저녁 내내 디저트를 구웠다. 울며불며 악바리처럼 버틴지 1년, 클래스에서 가장 좋은 성적으로 학교를 졸업할 수 있었다. 그 덕에 꿈에 그리던 맨해튼 다운타운에 있는 미슐랭 3스타 레스토랑에서 인턴으로 일할 기회를 얻었다.

Prologue

"자 이제 다 됐다." 나는 그게 끝인 줄 알았다. 다 잘 될 줄 알았다. 하지만 인생은 정말이지 단맛을 본 후엔 쓴맛을 봐야 하는 건가 보다. 그곳에서 일하는 건 지옥만큼 힘이 들었다. 하루 13시간씩 서서 일하는 건 기본이고 가장 나이 많은 인턴으로 띠동갑 이상 차이 나는 동료들과 어울리는 것도 쉽지 않았다. 매일 7시에 출근해 5시간씩 빵 반죽을 분할하고 4시간씩 불 앞에서 팬케익을 구워야 하는 하루가 반복됐다. 인턴 기간이 끝나기 전에 수도 없이 그만두고 싶었지만 버티고 또 버텼다. 수습 기간 후 정식으로 일하기를 제안받았지만 고민 끝에 거절하고 나를 더 필요로 하는 다른 미슐랭 레스토랑 파티셰로 이직을 했다. 나는 아무래도 내가 만든 디저트를 사람들이 맛있게 먹을 때 행복을 느끼는 사람 같다. 최저임금에 가까운 시급을 받고 새벽 늦게까지 일해야 했지만 내 손으로 구워낸 디저트를 세계 각국의 사람들이 즐긴다는 자부심에 행복했다. 비록 손목은 아작이 났지만 말이다.

그 모든 일들을 거치면서도 내가 빼먹지 않으려고 노력하는 건 유튜브에 베이킹 레시피를 만들어 공유하는 일이다. 이번에 그간 유튜브에 공개했던 나의 레시피 137가지를 책으로 엮어서 좀 더 일목요연하게 담아냈다. 개인적인 이야기를 많이 공유하지 않아서인지 이렇게 내 이야기를 하는 게 조금 어색하게 느껴지지만 분명한 것은 아마도 세 번째 책을 낼 때도 나는 또 무언가를 배웠다는 이야기를 추가하게 될 거라는 점이다. 그때도 역시 대다수가 말렸다는 이야기를 덧붙이게 되지 않을까.

이번 책에 10년 가까이 배워온 베이킹에 대한 노하우를 최대한 다 담아내려고 애썼다. 비싼 돈을 들여 클래스를 듣지 않아도 여기 담긴 레시피를 따라서 만들다 보면 충분히 맛있는 디저트를 나누며 행복해질 수 있기를 바란다. 글과 사진으로 부족할 때는 유튜브 영상도 참고할 수 있도록 QR코드도 담았으니 부디 여러분의 즐거운 베이킹 생활에 도움이 되었으면 좋겠다.

처음부터 지금까지 나를 구독해주고 응원해주는 구독자님들에게 진심으로 감사한다. 구독자님들이 아니었으면 지금의 나는 없었을 것이다.

2023년 여름 뉴욕에서,

자도르 드림

Contents

01
들어가며

02
SCONE 스콘

03
MACARON & DACQUOISE
마카롱과 다쿠아즈

04
MADELEINE & FINANCIER
마들렌과 휘낭시에

05
COOKIES 쿠키와 구움과자

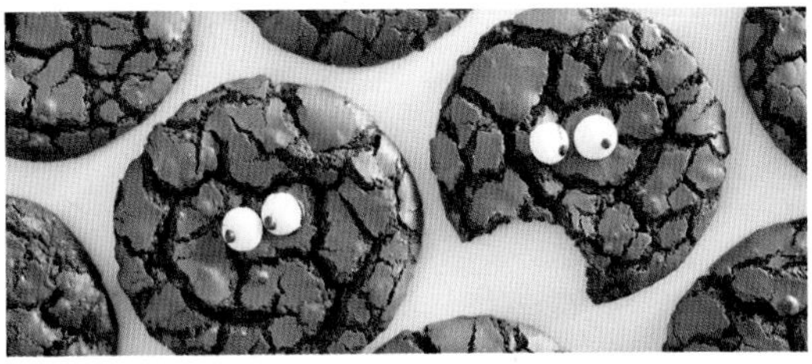

06
SIMPLE DESSERT
간단한 디저트

01 들어가며

재료 소개
도구 소개
베이킹 할 때 실패를 줄이는 팁
레시피에 제시된 틀 크기와 내가 가진 틀이 다를 때 계산법
오븐의 종류별 특징
알아두면 유용한 기본 베이킹 용어

재료 소개

1. 버터

1) 버터의 종류

버터는 지방 80~82%, 수분 16~17%, 그 밖에 소량의 단백질, 비타민 등으로 이루어져 있습니다. 버터는 소금이 첨가되었는지 여부에 따라 가염버터와 무염버터로 나누어지는데, 베이킹에서는 짠맛을 컨트롤하기 용이하도록 무염버터를 기본으로 사용합니다. 레시피에 별다른 설명이 없다면 전부 무염버터를 사용한 것으로 이해하셔도 됩니다. 버터 제조 과정에서 젖산균을 넣어 발효하였는지 여부에 따라 발효버터와 비발효버터(감성버터)로 나눌 수도 있는데, 발효버터는 독특한 발효취가 있어 버터의 풍미를 살리고자 하는 품목에 사용하면 고급스러움을 줄 수 있습니다. 어떤 버터가 발효버터인지 비발효버터인지 확인하고자 할 때에는 제품 뒷면의 '원재료명 및 함량' 부분을 보시면 됩니다. '유크림 100%'로 표기되어 있다면 비발효버터이고, 유크림 외 젖산발효균, 유산균배양액, 스타터 등이 함께 표기되어 있다면 발효버터입니다.

2) 버터의 3가지 성질

버터는 온도가 낮으면 단단해지고, 온도가 높을수록 부드러워지는 독특한 특성을 가지고 있습니다. 버터는 온도가 높아질수록 점점 부드러워지다가 약 32도에 이르면 녹아서 액체 상태가 되는데, 한번 액체가 된 버터는 하단에 기술한 버터의 특성을 모두 잃어버리게 됩니다. 다시 온도를 내려서 버터를 굳힌다고 해도 절대로 본래의 상태로 돌아갈 수 없으므로 유의해야 합니다.

크림성

버터를 휘저으면 공기를 포집하는 성질로, 버터가 18~21도 사이일 때 최대로 발휘됩니다. 부드러운 상태의 버터를 휘핑하여 만드는 파운드케이크나 버터크림 제조 시에 사용되는 성질입니다. 버터에 공기가 포집될수록 색이 밝아지며 부피가 커집니다. 버터에 유입된 공기는 반죽이 오븐 안에서 열을 받을 때 팽창하여 반죽을 부풀리는 역할을 합니다.

쇼트닝성

버터(유지)는 밀가루와 수분이 만나면 생기는 '글루텐'이라는 물질의 형성을 방해합니다. 과자나 페이스트리 반죽을 만들 때 글루텐 형성이 억제되면 제품이 바삭바삭하고 잘 부서지는 식감으로 만들어집니다. 버터의 쇼트닝성은 주로 버터와 밀가루를 먼저 혼합한 후 액체를 투입하는 제법에서 발휘되는 성질입니다. 밀가루와 버터를 잘게 혼합해 밀가루에 버터를 피복시키면, 버터가 얇은 막을 형성하여 그 후에 투입되는 수분과 밀가루가 만나 글루텐이 생기는 것을 막습니다. 이를 통해 과자는 바삭바삭하고 부서지기 쉬운 질감이 됩니다. 버터의 온도가 너무 높거나 밀가루와 버터를 너무 오랫동안 치대면 밀가루 반죽에 버터가 스며들면서 쇼트닝성이 잘 발휘되지 않고, 과자 반죽이 딱딱해지므로 주의해야 합니다.

가소성

외부에서 가해진 힘에 의해 모양을 자유롭게 변형할 수 있는 성질입니다. 13~18도 사이의 버터는 찰흙처럼 모양을 자유롭게 변형할 수 있고, 변형된 모양이 잘 유지되는 텍스처를 가지고 있습니다. 버터의 온도가 이보다 낮으면 너무 단단하여 모양을 변형하기 어렵고, 온도가 높으면 버터가 너무 부드러워져 모양을 유지하기 어렵습니다. 버터의 가소성이 필요한 반죽은 제과에서는 퍼프 페이스트리, 제빵에서는 크루아상이 대표적인데 위 제품 제조 시 버터의 온도에 특히 유의하여 작업하여야 좋은 결과물을 얻을 수 있습니다.

3) 버터 대용품

마가린, 쇼트닝 등 식물성 경화 유지

식물성 기름에 수소(H2)를 첨가하는 경화공정을 거쳐 고체 상태로 만든 것으로, 태생 자체가 저렴한 가격에 버터를 대체하고자 개발된 일종의 버터 모조품이기 때문에 버터를 대신하여 사용 시 과자의 맛과 풍미가 떨어집니다. 다만 마가린과 쇼트닝은 버터보다 작업이 용이한 온도의 범위가 훨씬 넓어 사용이 편리한 측면이 있습니다.

▌포도씨유, 코코넛 오일 등 식물성 기름

버터가 가지고 있는 세 가지 성질(크림성, 쇼트닝성, 가소성)을 가지고 있지 않습니다. 따라서 이러한 성질을 요하는 반죽에는 대체가 어렵습니다. 다만 완전히 녹인 버터를 사용하는 경우에는 대부분 동량의 식물성 기름으로 대체가 가능한데, 과자의 풍미와 식감이 버터를 사용한 것과는 달라집니다. 버터 특유의 고소한 풍미가 사라지고, 케이크의 경우 더 가볍고 촉촉한 텍스처가, 과자의 경우 다소 퍼석퍼석한 텍스처가 됩니다.

2. 설탕

1) 설탕의 역할

제과에서 설탕은 반죽에 단맛을 내고, 아미노카르보닐 반응(메일라드 반응)으로 인해 제품의 구움색을 노릇노릇하게 만듭니다. 또한 수분을 끌어당기는 성질(흡습성)과 수분을 머금고 있는 성질(보수성)이 있어 제품을 촉촉하게 만들고, 촉촉함을 오랫동안 유지하도록 하며 전분의 노화를 지연시켜 제품의 보존성을 높여 줍니다. 또한 거품형 반죽의 경우 설탕이 기포를 안정화시켜 반죽이 쉽게 가라앉지 않고 더 잘 부풀어 오르도록 합니다. 유지와 수분을 유화하여 만드는 제품의 경우 설탕이 수분을 끌어당겨 유화가 잘되도록 돕기도 합니다. 즉 레시피에 제시된 설탕의 양을 임의로 줄일 경우, 제품의 식감이 퍼석퍼석해지거나 보존성이 떨어질 수 있고, 거품형 반죽의 경우 거품이 쉽게 꺼져 제품의 볼륨이 제대로 나오지 않을 수 있으며, 유지와 수분을 유화시켜 만드는 반죽의 경우 재료들이 잘 섞이지 않고 분리될 수 있기 때문에 주의해야 합니다.

2) 설탕의 종류

백설탕

설탕의 원료인 사탕수수로부터 불순물을 완전히 걸러내어 순수한 당 성분만 남기는 과정을 '정제'라고 합니다. 백설탕은 정제 과정의 최종 결과물로, 깔끔하고 순수한 단맛을 가지고 있습니다. 제과에서는 백설탕을 기본으로 사용합니다.

비정제 설탕

정제 과정을 전혀 거치지 않았거나 백설탕에 비해 덜 거친 설탕입니다. 백설탕에 비해 미네랄과 비타민 등이 들어있어 복합적이고 풍부한 감칠맛이 나기 때문에 상대적으로 덜 달게 느껴집니다. 정제 방식, 입자 크기, 당밀 함유량에 따라 머스코바도, 터비나도, 카소나드, 데메라라 등 다양한 제품이 있습니다.

황설탕/흑설탕

비정제 설탕의 맛을 흉내 내기 위해 정제된 백설탕에 다시 당밀이나 카라멜을 첨가하여 맛과 색을 입힌 것입니다. 따라서 비정제 설탕에 비해 저렴합니다. 비정제 설탕과 황설탕/흑설탕은 백설탕에 비해 수분을 많이 함유하고 있어 제품에 사용하면 수분 보유력을 높여 촉촉함을 더할 수 있습니다.

슈가파우더

백설탕을 가루 형태로 곱게 분쇄한 것입니다. 3~5%의 전분이 첨가된 제품도 있고 100% 설탕으로만 이루어진 제품도 있는데, 100% 슈가파우더는 국내 시중에 '분당'이라는 명칭으로 유통되고 있습니다. 소량의 전분이 첨가되면 쉽게 덩어리지지 않아 사용 및 보관이 편리합니다.

3. 밀가루

1) 밀가루의 특성

밀가루는 반죽의 골격이 되며 부풀어 오른 반죽을 지탱해 줍니다. 이는 다른 곡식에는 없고 오직 밀 전분에만 있는 특별한 단백질 성분인 '글루텐' 때문인데, 글루텐은 밀가루와 수분이 만났을 때 생기는 점성과 탄력이 있는 물질입니다. 글루텐은 반죽 안에서 고운 그물 모양을 형성하며, 단백질이기 때문에 오븐 안에서 열에 의해 굳어서 반죽의 골격을 지탱합니다. 글루텐이 과도하게 생성된 반죽은 굽고 나면 단단해지며, 글루텐이 부족한 반죽은 쉽게 부스러집니다.

2) 밀가루의 종류

밀가루는 단백질 함량에 따라 박력분/중력분/강력분으로 나눌 수 있습니다. 박력분은 단백질 함유량 6.5~8%로, 가볍고 입자가 고우며 단백질 함량이 적어 글루텐이 가장 적습니다. 따라서 폭신한 케이크나 가볍게 부서지는 바삭한 과자를 만들기에 적합합니다. 강력분은 단백질 함유량 11~13%로, 입자가 거칠고 큽니다. 빵을 만들 때에는 반죽 발효 과정에서 생기는 가스를 빠져나가지 않게 유지하려면 충분한 양의 글루텐 막이 필요하기 때문에 단백질 함량이 높은 강력분이 적합합니다. 필요에 따라 제과에 강력분을 의도적으로 사용하기도 하는데, 강력분을 사용하면 무겁고 단단한 식감을 낼 수 있습니다. 중력분은 단백질 함유량 8~10%로, 박력과 강력의 중간적 성질을 가졌으며, 제과와 제빵에 두루 사용됩니다. 어떤 밀가루를 사용하는지에 따라 제품의 식감이 크게 달라지므로, 반드시 레시피에 기재된 종류의 밀가루를 사용하는 것이 좋습니다.

3) 밀가루 대체 재료

옥수수 전분(콘스타치)

입자가 매우 작고 고우며, 글루텐이 전혀 없기 때문에 밀가루의 일부를 대체하여 반죽에 넣으면 가볍고 부드러운 식감이 됩니다. 밀가루를 전분으로 전량 대체하면 텁텁하고 좋지 않은 식감이 되므로 주의해야 합니다. 일반적으로 밀가루의 50%까지는 동량의 콘스타치로 대체할 수 있습니다.

(박력) **쌀가루**

글루텐이 전혀 없어 상대적으로 가벼운 텍스처의 제품이 되기 때문에 케이크는 폭신하며, 과자는 잘 부스러집니다. 식감이 푸석하고 밀가루에 비해 부푸는 힘이 부족하기 때문에 밀가루 전량을 박력 쌀가루로 대체 시 레시피에 따라 베이킹파우더 등의 팽창제를 첨가하거나 수분의 양을 늘려줘야 하는 경우도 있습니다. 쌀가루로 만든 제품은 밀가루로 만든 제품보다 노화가 빨라 보존기간이 짧습니다.

아몬드 가루 및 기타 견과류 파우더

밀가루의 일부를 아몬드 가루 등의 견과류 가루로 대체하면 견과류 자체의 유분 때문에 제품에 촉촉함과 고소한 풍미를 더할 수 있습니다.

4. 계란

1) 계란의 특성 및 역할

계란은 껍질(10%), 흰자(60%), 노른자(30%)로 이루어져 있으며, 제과에서 일반적으로 가장 많이 사용하는 계란은 특란(껍질 포함 60~68g, 껍질 제외 약 50g) 사이즈입니다. 계란에는 베이킹에서 빠질 수 없는 열응고성, 기포성, 유화성이라는 중요한 세 가지 성질이 있습니다.

열응고성

계란의 단백질은 열을 받으면 굳는 성질이 있는데 계란 흰자는 약 60~80도, 노른자는 65~70도 사이에서 응고됩니다. 이러한 계란의 응고성 때문에 계란을 반죽에 섞어 넣으면 제품이 오븐 안에서 형체를 형성하는 것을 도와줍니다.

기포성

계란은 휘저으면 공기를 머금어 거품이 생기는데, 계란의 기포성은 주로 흰자에 포함된 단백질인 알부민과 글로불린에 있습니다. 이러한 성질을 이용해 흰자를 거품내어 머랭을 만들거나, 머랭을 다른 재료들과 섞어 케이크를 만들고, 전란을 거품내어 보송보송한 제누와즈를 만들 수 있는 것입니다.

유화성

본디 서로 잘 섞이지 않는 재료인 유지(기름)와 수분을 기름 안에 수분이 잘게 분산된 형태, 혹은 그 반대의 형태로 균질하고 안정된 상태로 유화(Emulsify)해 주는 성질입니다. 계란의 유화성은 노른자에 포함된 레시틴이라는 성분 때문인데, 버터 케이크 반죽에 계란을 섞을 때 분리되지 않고 잘 섞이는 것은 레시틴이 기름과 수분을 이어주는 다리 역할을 해 주기 때문입니다.

그 밖의 성질

계란은 제품에 풍미와 맛을 내주고, 먹음직스러운 구움색을 내주며, 수분을 75% 포함하고 있어 제품에 촉촉한 식감을 부여합니다.

2) 머랭

머랭은 계란 흰자에 설탕을 넣어 거품을 낸 것으로, 계란 흰자가 가지고 있는 기포성과 공기변성이라는 두 가지 특성이 흰자가 머랭이라는 물질로 변할 수 있도록 만듭니다.

기포성

흰자가 가지고 있는 단백질이 수분의 표면장력을 약하게 해 휘저으면 공기가 잘 유입되도록 만듭니다.

공기변성

흰자를 휘저으면 흰자가 가진 단백질이 공기와 접촉하면서 변성을 일으켜 분자가 연결된 막 상태로 변합니다. 이는 한번 유입된 공기가 빠져나가지 않고 안정화되도록 만듭니다. 그렇기 때문에 흰자를 휘저을수록 기포가 점점 모이고 촘촘해져서 결이 조밀한 머랭 상태로 변하는 것입니다.

머랭에는 왜 설탕을 넣을까?

설탕은 흰자의 수분을 흡수해 거품을 안정화합니다. 설탕을 넣음으로써 흰자에 끈기가 생기고, 거품이 곱고 튼튼해집니다. 반면 설탕은 단백질 변성을 억제하는 작용도 하기 때문에 초반에 많은 양의 설탕을 넣고 휘핑하면 흰자가 끈적해져서 기포가 잘 일어나지 않습니다. 따라서 일반적으로 머랭을 만들 때에는 설탕을 처음부터 넣는 대신 여러 번 나누어서 투입합니다.

머랭 제조 시 유의점

흰자에 기름기가 섞이면 휘핑이 되지 않으므로 볼과 거품기를 깨끗이 세척하고, 지방 성분이 많은 노른자가 흰자 쪽에 섞이지 않도록 주의합니다. 설탕의 양이 흰자의 절반 혹은 그 이하로 들어가는 일반적인 배합의 머랭인 경우, 차가운 상태의 흰자를 사용하면 안정적이고 튼튼한 거품을 얻을 수 있습니다.

5. 책에서 사용된 그 밖의 재료

우유

제과에서 우유는 커스터드 크림이나 크렘 앙글레즈 등 기본 크림을 만드는 재료로 자주 쓰입니다. 우유는 제품에 고소한 맛과 풍미를 주고 반죽에 넣으면 제품을 촉촉하게 해 주며, 우유에 포함된 유당 성분은 반죽의 구움색을 먹음직스러운 갈색으로 만듭니다.

생크림

원심분리기를 통해 우유에서 지방을 농축해 만드는 생크림은 반죽에 넣으면 제품을 촉촉하게 해 주고, 거품을 내면 다양한 크림의 재료가 됩니다. 시중에 다양한 유지방 함량의 생크림이 유통되고 있는데, 유지방 함량이 최소 30% 이상이어야 휘핑이 가능합니다. 이 책에서는 첨가물을 넣지 않은 100% 동물성 생크림(유지방 38%)을 사용했습니다.

베이킹 소다

탄산수소나트륨(Sodium bicarbonate) 단일 원료로 이루어진 화학적 팽창제입니다. 강한 염기성을 띄고 있어 코코아 파우더, 레몬즙 등의 산성 재료와 만나면 반응하여 이산화탄소를 발생시키는데, 이때 생성된 가스가 과자를 부풀게 합니다. 과자나 케이크의 구움색을 갈색으로 더 진하고 먹음직스럽게 만들고, 베이킹파우더에 비해 반응 속도가 빨라 쿠키를 초반에 많이 부풀게 만들어 쿠키가 옆으로 퍼지도록 만드는 특성이 있습니다. 다량 사용 시 과자나 케이크에 특유의 좋지 않은 맛이 남습니다.

베이킹파우더

강한 염기성인 베이킹 소다의 단점(냄새, 맛, 반응 속도 등)을 보완하기 위해 베이킹 소다에 산성 재료 및 전분을 첨가하여 만든 팽창제입니다. 베이킹 소다보다 서서히 그리고 오랫동안 반응하기 때문에 베이킹파우더를 넣은 쿠키는 베이킹 소다에 비해 옆으로는 덜 퍼지면서 위로 봉긋한 모양으로 부풀게 됩니다. 알루미늄 성분이 들어 있지 않은 제품을 사용해야 제품에서 쓴맛이 나지 않습니다.

커버춰 초콜릿

식물성 유지나 정제가공유지가 전혀 포함되지 않은 카카오 버터 함량이 높은 고급 초콜릿입니다. 본 책에서는 깔리바우트 다크 커버춰(카카오 고형분 함량 57.9%), 발로나 과나하 다크 커버춰(카카오 고형분 함량 70%), 발로나 이보아르 화이트 커버춰(카카오 고형분 함량 35%)를 사용했습니다.

코팅 초콜릿

고가의 카카오 버터 대신 값싼 식물성 유지를 첨가한 가공 초콜릿입니다. 커버춰 초콜릿의 경우 녹였다가 굳히는 과정에서 온도를 정확하게 조절하는 '템퍼링'이라는 작업이 필요한데, 코팅 초콜릿은 템퍼링이 필요 없어 간편하게 제품에 초콜릿을 입히거나 글레이즈를 코팅할 때 사용합니다.

초코칩

오븐 안에서 열을 받아도 녹거나 형태가 변하지 않도록 특수하게 처리된 초콜릿입니다. 쿠키를 만들 때 넣으면 굽고 난 후에도 빠르게 굳어 손에 묻어나지 않아 편리합니다.

코코아 파우더

로스팅한 카카오로부터 카카오버터를 추출한 후, 남은 카카오 케이크를 건조 분쇄해 만든 가루로 단맛 없이 진한 초코 맛을 낼 수 있어 여러 제품에 널리 사용됩니다. 이 책에서는 발로나 사의 코코아 파우더를 사용했습니다.

바닐라 빈

녹색의 긴 콩 같이 생긴 꼬투리에 증기를 쏘여 발효와 건조 과정을 거친 것을 '바닐라 포드'라 하고, 그 안에 든 작은 검은 씨앗을 '바닐라 빈'이라고 합니다. 바닐라는 재배 지역에 따라 향이 달라지는데, 마다가스카르산과 타히티산이 가장 흔히 사용됩니다. 마다가스카르산 바닐라는 길고 가느다란 모양이며 달콤하고 크리미한 향을 가지고 있으며, 타히티산 바닐라는 폭이 넓고 통통하며 익은 과일의 향과 향긋한 꽃향기를 가지고 있는 것이 특징입니다.

바닐라 익스트랙(Vanilla Extract)

바닐라 향을 알코올이나 시럽에 우려낸 것으로, 바닐라 빈의 대체 재료로 가장 흔하게 쓰입니다. 바닐라 익스트랙은 바닐라 에센스나 오일과 달리 굽는 제품과 굽지 않는 제품에 모두 사용할 수 있어 활용도가 높습니다. 바닐라 익스트랙은 아무리 사용양을 늘린다고 해도 천연 바닐라 빈의 풍미를 완전히 대체하기는 어렵고, 재료들의 좋지 않은 냄새를 잡아 주는 정도의 역할을 합니다.

바닐라 빈 페이스트

바닐라 빈, 시럽, 바닐라 익스트랙을 섞어서 만든 것으로, 실제 바닐라 빈이 함유되어 있어 바닐라 익스트랙 보다는 훨씬 진한 풍미와 바닐라 빈의 고급스러운 맛이 납니다. 바닐라 빈과 익스트랙의 중간적 성질을 가진 제품입니다.

소금

제과는 기본적으로 강한 단맛이 있기 때문에, 여기에 약간의 소금을 넣으면 맛의 밸런스를 더해 줍니다. 입자가 굵은 소금은 반죽을 만드는 동안 녹지 않고 구워진 후에도 제품에 남아 짠맛을 강하게 느껴지게 만들므로, 사용 전에 곱게 부수어 반죽에 넣는 것이 좋습니다.

판젤라틴/가루 젤라틴

동물의 콜라겐으로부터 얻어지는 응고제의 일종으로, 젤리같이 탱글탱글한 식감으로 굳어지는 특징이 있습니다. 이 책에서 사용된 판젤라틴은 동량의 가루 젤라틴으로 대체 가능하며, 가루 젤라틴 사용 시 젤라틴 무게의 5배의 물을 더해 불린 후 사용합니다.

펙틴

잼이나 젤리, 나파주 등에 사용하는 응고제로, 강한 산성인 환경에서 당이 존재해야 응고가 진행되는 특성이 있습니다. 응고 강도에 따라 HM펙틴(젤리용 펙틴)과 LM펙틴(잼용 펙틴)으로 나뉩니다. 이 책에서 사용한 펙틴은 NH펙틴인데, LM계열 펙틴이지만 HM펙틴의 특징도 가지고 있어 제과에서 가장 흔히 사용하는 펙틴입니다.

미로와

포도당, 펙틴, 카라기난, 구연산 등으로 만든 식용 광택제입니다. 과일 표면에 바르면 과일의 표면이 냉장고 안에서 쉽게 마르지 않도록 해주며 미관상 보기 좋은 광택을 줍니다.

리큐르(리큐어)

리큐르는 과일이나 사탕수수 등을 발효시켜 만드는 술로, 디저트의 맛과 향을 한 단계 끌어올려 주는 역할을 합니다. 이 책에서는 키르슈, 럼, 쿠앵트로, 리몬첼로 등 다양한 리큐르를 사용했는데, 리큐르는 상황에 따라 대체하거나 생략이 가능합니다.

도구 소개

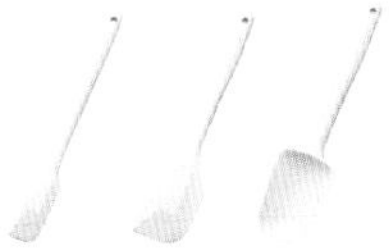

주걱

거품기

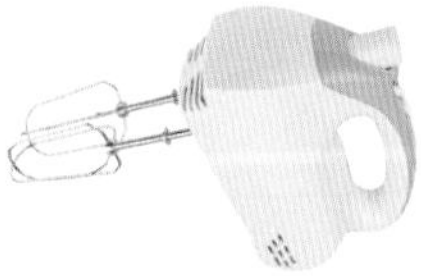

핸드믹서

스탠드 믹서

볼

주걱

재료를 골고루 섞을 때 사용하는 것으로, 손잡이 부분과 머리 부분이 일체화된 내열 실리콘 주걱을 큰 사이즈와 작은 사이즈로 하나씩 장만해 두면 베이킹할 때 다용도로 사용할 수 있어 유용합니다.

거품기

재료들을 혼합하거나 반죽을 섞을 때 사용합니다. 날이 굵고 튼튼해서 잘 휘어지지 않는 제품이 베이킹용으로 사용하기에 적합합니다. 거품기를 고를 때에는 거품기의 총길이가 볼의 지름과 비슷하면 사용하기 편리합니다.

핸드믹서

재료를 섞거나 머랭, 생크림을 휘핑할 때 거품기보다 쉽고 빠르게 만들 수 있도록 도와줍니다. 소비전력이 300W 이상이며, 날이 넓은 칼국수 모양을 하고 있는 것이 모터 힘이 강하고 휘핑이 빠르게 되어 좋습니다.

스탠드 믹서

많은 양의 반죽을 한꺼번에 만들 때나 빵 반죽을 반죽해 글루텐을 형성할 때, 이탈리안 머랭이나 파트 아 봄브를 만들 때처럼 양손으로 동시에 작업해야 하는 제품을 만들 때 사용합니다.

볼

재료들을 섞거나 크림을 휘핑할 때 사용합니다. 가볍고 관리가 편리하며, 중탕이 빠르게 가능한 스테인리스 재질로 된 것이 좋습니다. 홈베이킹에서 가장 유용하게 쓰이는 사이즈는 지름 23cm 정도로, 머랭이나 크림을 휘핑할 때는 좁고 깊은 볼이, 가루를 넣고 섞을 때는 넓은 볼이 사용하기 편리합니다.

냄비

냄비

재료를 데우거나 끓일 때, 설탕이나 캐러멜을 태울 때 사용합니다. 너무 저렴한 냄비를 사용하면 가열 도중 부분적으로 타거나 바닥이 눌어붙기 쉬우므로, 바닥이 두껍고 열전도율이 높은 스테인리스 냄비를 사용하면 좋습니다.

탐침형 온도계

적외선 온도계

온도계

베이킹에서는 정확한 온도를 체크해야 할 일이 많기 때문에 탐침형 온도계와 적외선 온도계를 하나씩 구비해 두면 편리합니다. 탐침형 온도계는 주로 가열중인 액체 재료의 온도를 정확하게 측정할 때, 적외선 온도계는 고체 상태의 재료나 녹인 초콜릿 등의 표면 온도를 빠르게 잴 때 사용합니다.

푸드프로세서

푸드프로세서

제과에서는 주로 가루류와 버터를 섞어서 만드는 반죽에 사용합니다. 이러한 반죽은 재료들의 온도를 차게 유지하는 것이 중요한데, 푸드프로세서를 사용하면 손으로 작업하는 것보다 빠른 시간 내에 반죽을 완성할 수 있어 좋은 결과물을 손쉽게 얻을 수 있습니다.

핸드블렌더

핸드블렌더

제과에서는 무스 케이크 위에 뿌리는 글라사주를 만들 때나 생크림과 초콜릿을 섞어서 만드는 가나슈를 유화할 때 주로 사용합니다. 핸드블렌더를 사용해 재료를 혼합하면 미세한 입자가 균일하게 섞여 거품기나 주걱으로 섞는 것보다 유화가 빠르고, 양질의 결과물을 얻을 수 있습니다.

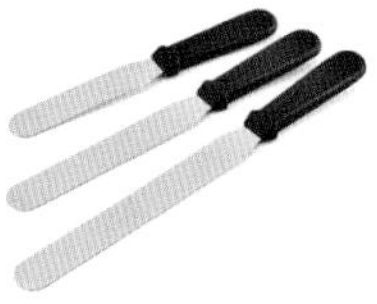

스패출러

스패출러

케이크에 크림을 펴바르거나 반죽을 평평하게 만들 때 사용합니다. 이 책에 가장 많이 사용된 1호 틀을 이용한 케이크 아이싱에는 8인치 스패출러가 적당합니다. 작은 크기의 미니 스패출러도 하나 가지고 있으면 반죽을 팬에 펼 때나 컵케이크 프로스팅을 올릴 때 유용하게 사용할 수 있습니다.

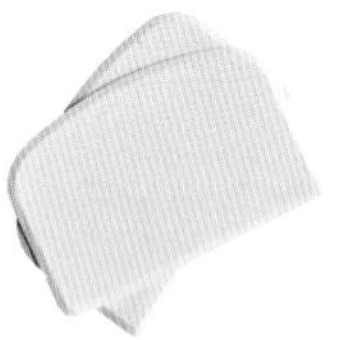

스크래퍼

스크래퍼

반죽이나 버터를 자르거나 분할할 때, 볼 안에 남은 반죽을 긁어낼 때, 짤주머니를 긁어낼 때 등 쓰임새가 많은 도구입니다. 끝이 동그란 것과 평평한 것 두 가지를 구비해 두면 편리합니다. 생크림 케이크를 아이싱 할 때도 스패출러 대신 스크래퍼를 사용하면 쉽고 빠르게 옆면 크림을 정리할 수 있습니다.

체망

체망

가루 재료를 체 칠 때 사용합니다. 가루를 체 치면 불순물이나 뭉친 가루 덩어리를 제거해 주고, 가루 입자 사이사이에 공기가 들어가 재료들이 잘 섞입니다. 아몬드 가루 등 입자가 굵은 가루 재료는 고운 체망을 사용하면 체를 치기 어려우니 가는 체와 굵은 체 두 가지를 구비해 두면 좋습니다.

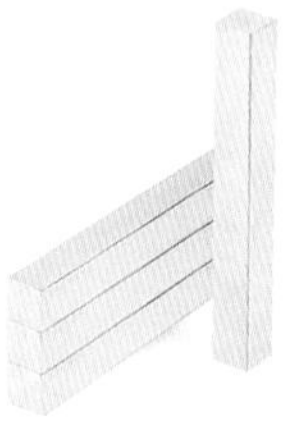

각봉

각봉

케이크 시트를 평평하게 슬라이스 할 때, 타르트 반죽이나 쿠키 반죽을 균일한 두께로 밀어 펼 때 사용하면 편리합니다. 케이크용으로는 15mm 두께를, 쿠키나 타르트 반죽에는 3mm 두께의 제품을 가장 많이 사용합니다.

돌림판

돌림판

케이크에 크림을 매끄럽게 바르기 위해 꼭 필요한 도구입니다. 주물 소재로 만들어진 기능장용 돌림판이 견고하고 안정적이어서 사용하기에 편리합니다.

스테인리스 트레이

스테인리스 트레이

크림이나 잼 등을 부어 냉동실에서 빠르게 식히거나, 베이킹에 필요한 도구들을 올려놓을 때 사용합니다. 열전도율이 좋아 뜨거운 재료를 트레이에 넓고 얇게 펼쳐 식히면 온도를 빠르게 떨어뜨릴 수 있습니다.

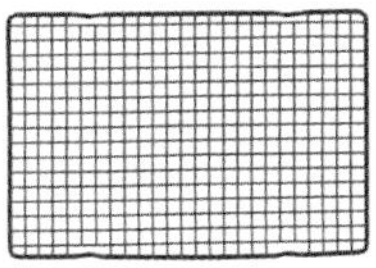

식힘망

식힘망

구운 과자나 케이크를 꺼내 식히거나, 글레이즈 등을 부을 때 사용합니다. 망의 간격이 넓지 않은 것을 구입해야 다용도로 사용하기 좋습니다.

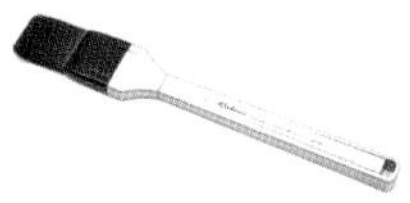

붓

붓

케이크 시트에 시럽을 바르거나, 과일 표면에 광택제를 바를 때, 반죽 표면에 계란물을 칠할 때, 틀에 버터를 칠할 때 사용합니다. 붓을 구입할 때에는 당겨봤을 때 털이 잘 빠지지 않고, 결이 부드러우며 탄력 있는 재질의 제품이 좋습니다.

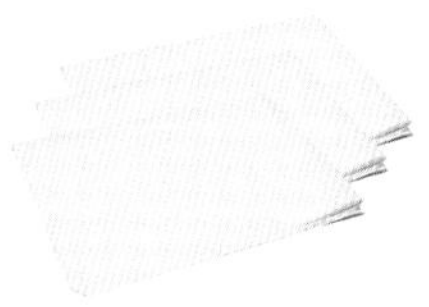

종이호일

유산지/종이호일/테프론 시트

팬이나 몰드 위에 깔고 그 위에 반죽을 올릴 때 사용합니다. 유산지나 종이호일이 일회용인 반면 테프론 시트는 사용 후 세척하여 반영구적으로 사용할 수 있어 편리합니다.

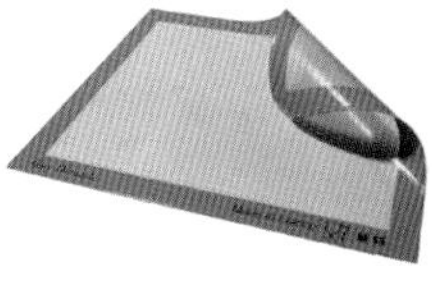

실리콘 매트

실팻(실리콘 매트)

기본적으로 테프론 시트와 유사한 역할을 하지만 두꺼운 실리콘 재질로 되어 있어 내구성이 더 우수합니다. 두께가 두툼해 유산지나 테프론 시트에 제품을 구울 때에 비해 바닥 부분이 타지 않고 촉촉하게 구워집니다.

실팡

실팡(타공 매트)/시루밑

미세한 구멍이 뚫려 있는 베이킹 매트입니다. 단단한 텍스처의 과자 반죽이나 타르트 반죽을 타공 매트 위에 올려놓고 구우면 미세한 구멍 사이로 공기가 빠져나가면서 형태가 변형되는 것을 막아 줍니다. 떡을 찔 때 사용하는 시루밑도 유사한 효과를 볼 수 있습니다.

각종 틀

각종 틀

반죽을 오븐에 굽거나 굳힐 때 사용하는 틀로, 철로 된 틀의 경우 유산지나 테프론 시트를 재단해 깔거나 버터를 얇게 발라 틀을 코팅한 후 사용해야 합니다. 실리콘 틀의 경우 별도의 처리를 하지 않아도 반죽이 틀에서 잘 분리됩니다. 요즘은 철제 틀 표면에 실리콘 코팅이 되어 편리하게 사용할 수 있는 제품도 많이 등장하는 추세입니다. 기본적으로 굽는 틀의 크기가 커지면 온도를 낮추고 굽는 시간을 늘리고, 틀의 크기가 작아지면 온도를 높이고 굽는 시간을 줄여 줍니다.

베이킹 할 때 실패를 줄이는 팁

정확한 계량은 기본

베이킹은 재료의 작은 차이로도 결과물이 달라질 수 있습니다. 특히 홈베이킹은 적은 양으로 만들기 때문에, 베이킹파우더나 소금, 향신료 등 미세한 차이로도 맛이나 결과물에 차이를 불러일으키는 재료들은 단 1g의 오차로도 결과물이 달라질 수 있습니다. 시중의 베이킹용 계량저울은 대부분 1g 단위인데, 0.1g 단위까지 측정되는 미량계를 구비해 두면 적은 양의 재료를 계량할 때 편리합니다.

필요한 재료와 도구는 시작 전에 미리 준비해 두세요

재료를 미리 전부 계량해서 옆에 준비해 둔 후 베이킹을 시작하면 실수할 확률이 현저히 줄어듭니다. 그렇지 않고 필요한 재료를 그때그때 찾아서 넣으려다 보면 놓치는 부분이나 실수가 생기기 쉽습니다. 반죽을 시작하기 전에 필요한 모든 재료와 도구를 옆에 준비해 둔 후 베이킹을 시작하세요. 또한 레시피를 그대로 사용하지 않고 몇 배로 늘려서 만들 경우, 반드시 변환된 숫자를 따로 메모한 후 그것을 토대로 계량하세요. 머릿속으로만 계산하다 보면 간단한 숫자도 헷갈려서 실수할 확률이 높아집니다.

우리집 오븐에 맞는 온도와 시간을 찾으세요

아무리 반죽을 잘 완성했더라도, 알맞은 굽는 온도와 시간을 알지 못하면 결코 먹음직스러운 결과물을 구울 수 없습니다. 이 책에서 제시한 굽는 온도/시간은 우녹스 컨벡션 오븐 기준입니다. 컨벡션 오븐은 뜨겁고 강한 열풍으로 제품을 익히는 원리이므로 일반 가정용 오븐에 비해 낮은 온도에서 굽습니다. 따라서 일반 가정용 오븐 사용 시 통상적으로 책에 제시된 온도보다 10~20도 정도 높여서 구워 주어야 열의 세기가 비슷합니다. 오븐 기종 및 열전달 방식에 따라 가정용 오븐의 성능에도 조금씩 차이가 있으니 레시피에 나온 굽는 온도와 시간을 맹신하지 마시고, 여러 번 구워 보면서 우리집 오븐에 맞는 온도와 시간을 찾아 주세요.

재료를 대체하거나 생략하면 결과물이 달라질 수 있어요

'베이킹은 과학이다'라는 문구는 동명의 책으로도 출간될 만큼 널리 알려진 구절이지요. 베이킹에 사용되는 재료들은 단지 맛을 내는 역할만 하는 것이 아니라, 각 재료들을 적절하게 혼합하고 열을 주어 굽는 과정에서 일련의 화학 작용이 발생합니다. 요리에서는 맛이 중요하기 때문에 비슷한 맛을 내는 재료라면 적당히 대체해도 괜찮은 경우가 많지만, 베이킹은 그렇지 않습니다. 예를 들어 황설탕을 넣는 레시피에 백설탕을 넣거나, 다크 초콜릿 대신 밀크 초콜릿을 사용할 경우, 제품의 맛뿐만 아니라 식감이나 보존성에도 영향을 미치기 때문에 전혀 다른 결과물이 나올 수 있습니다. 사용된 재료마다 각각의 역할이 명확히 있기 때문에, 초보이거나 처음 만들어 보는 레시피의 경우 레시피에서 제시한 재료와 분량을 정확히 지켜야 실패를 줄일 수 있습니다.

보기 좋은 결과물을 얻으려면 반죽 용량에 맞는 틀을 사용하세요

제시된 레시피 용량에 맞는 크기의 틀을 사용해야 결과물이 먹음직스러운 모양으로 만들어집니다. 만약 내가 가진 틀이 레시피에 사용된 틀과 다를 경우, 반드시 변환 공식을 사용하여 레시피의 양을 조절해 주어야 합니다. 틀의 크기가 레시피에 사용된 틀보다 현저히 큰데 레시피를 조절하지 않고 그대로 사용한다면, 높이감이 없고 납작한 케이크가 나올 수 있어요. 반대로 가지고 있는 틀이 작은데 레시피의 분량을 줄이지 않고 그대로 만든다면 반죽이 남거나, 틀에서 넘쳐흐르기 쉬워요.

레시피에 제시된 틀 크기와 내가 가진 틀이 다를 때 계산법

원리

먼저 원 레시피에 사용된 틀의 부피를 구한 후, 내가 가지고 있는 틀의 부피를 측정하여 둘을 비교합니다.

1) 부피 계산이 가능한 틀(부피 구하는 공식을 이용합니다.)

예 실리코마트 SF104(가로×세로×높이 각 5cm) 6개 분량의 원 레시피를 오란다 틀(대)(가로×세로×높이 15.5×7.5×6.5cm)로 변경하고자 할 때

① 원 레시피에 사용된 틀의 부피 : (5×5×5)×6개=125×6=750

② 가지고 있는 틀의 부피 : 15.5×7.5×6.5=755.625

③ 부피 비교 : 755.625/750=1.0075

→ 원 레시피의 모든 재료에 1.0075배를 곱하면 됩니다.

(구한 값이 1에 수렴하므로 레시피를 따로 변환하지 않고 그대로 사용해도 가지고 있는 틀에 잘 맞습니다.)

예 낮은 타르트틀 3호(지름 20cm, 높이 2cm) 1개 분량의 원 레시피를 낮은 타르트틀 2호(지름 16.5cm, 높이 2cm)로 변경하고자 할 때

① 원 레시피에 사용된 틀의 부피 : (10×10×3.14)×2=628

② 가지고 있는 틀의 부피 : (8.25×8.25×3.14)×2=427.4325

③ 부피 비교 : 427.4325/628=0.680625

→ 원 레시피의 모든 재료에 0.68배를 곱하면 됩니다.

2) 부피 계산이 어려운 틀(틀에 물을 채워 무게를 측정하여 대략의 부피를 가늠합니다.)

① 가지고 있는 틀에 물을 80% 담아 저울로 무게를 측정합니다.

② 원 레시피의 모든 재료의 무게를 더합니다.

→ 버터 100g+소금 1g+박력분 100g+베이킹파우더 2.5g+계란 100g +백설탕 90g+생크림30g

③ 가지고 있는 틀에 물을 담아 측정한 무게를 원래 레시피의 재료 무게로 나눕니다. (①÷②)

④ ③에서 구한 숫자를 원 레시피의 모든 재료에 곱합니다.

오븐의 종류별 특징

오븐은 종류별로 열을 만들어 내는 방식이 다르고, 이러한 열 발생 원리의 차이가 완성된 과자의 모양과 색, 질감의 차이를 불러오기도 합니다. 이 책에서는 컨벡션 오븐인 우녹스사의 XTF135 모델을 기준으로 굽는 온도와 시간을 기재하였습니다.

열선오븐

- 작동 원리: 오븐 안쪽 위아래에 위치한 열선이 뜨겁게 달궈지며 내부를 데웁니다. 최근에는 컨벡션 모드가 가능한 팬이 장착된 모델도 있으나 열선에 의해 발생된 열을 순환시키는 보조적 역할 정도만을 수행합니다.
- 여러 종류의 오븐 중 가격대가 가장 저렴한 편이며 크기가 작아 한 번에 구울 수 있는 양이 적습니다.
- 제품을 고르게 안정적으로 굽기 위해서는 한 번에 한 단씩만 사용하는 것이 좋습니다.
- 오븐마다 성능이 제각각이기 때문에 설정된 온도와 실제 온도의 차이가 큽니다. 작은 오븐일수록 온도의 편차가 크므로 오븐 내부에 온도계를 놓고 온도를 체크하는 것이 좋습니다.
- 하단 열선에 가까이 팬을 놓고 구울 경우 과자 밑면이 타는 경우가 있습니다. 이 경우 팬을 두 개 겹쳐 사용하거나 팬에 두꺼운 실팻을 깔아 밑면 열을 차단해 주는 것이 좋습니다.

광파오븐

- 작동 원리: 열선과 원적외선 히터가 제품 상단부에 위치되어 있어 대류열과 복사열로 제품을 익히는 방식입니다.
- 열원이 상단에만 위치하기 때문에 과자를 구우면 바닥 부분에 열이 잘 전달되지 않습니다.
  → 팬을 미리 넣어 오븐과 함께 예열해서 사용합니다(마카롱 등). 타르트나 파이의 경우 필링과 함께 구우면 바닥 부분이 잘 익지 않을 수 있으니 초벌 굽기를 하는 것이 좋습니다.

- 반면 상부 열이 강하기 때문에 머핀 등의 경우 윗면이 봉긋하게 터지기 전에 금방 익어서 굳거나 구움색이 너무 진하게 나기도 합니다.
  → 굽는 온도를 낮추고 시간을 늘리거나, 어느 정도 구운 후 윗면에 호일 등을 덮어 보완할 수 있습니다.

가스오븐

- 작동 원리 : 오븐 하단에 위치한 가스버너로 오븐 내부를 데워 과자를 익히는 원리입니다.
- 열원이 아래쪽에만 있어 윗면 구움색을 진하게 내기 어려운 반면 바닥 부분은 타기 쉽습니다.
- 필요에 따라 굽는 온도를 약간 더 높여 위쪽 색을 진하게 내고, 아랫단에 여분의 팬을 끼워 직접적으로 닿는 열을 차단하거나 팬을 두 장 겹쳐 사용하여 밑면이 타는 것을 막아줄 수 있습니다.

고가형 컨벡션 오븐(스메그/우녹스/지에라 등)

- 작동 원리 : 오븐 내부의 큰 팬으로 뜨거운 바람을 순환시킴으로써 오븐 내부를 데워 온도를 높이는 방식입니다.
- 업소용 대형 데크오븐에 비해 공간을 덜 차지하면서 예열이 빠르고, 많은 양을 한꺼번에 구워도 고른 결과물을 얻을 수 있어 전문가처럼 과자를 굽고 싶은 홈베이커나, 작은 카페 및 디저트 매장에 적합합니다.
- 뜨거운 바람으로 제품을 익히기 때문에 겉면이 빨리 마르고 건조해지는 단점이 있습니다.
- 수분을 완전히 날리는 제품이나 겉면을 바삭하게 구워야 하는 제품에 적합합니다.
- 열이 매우 세기 때문에 다른 종류의 오븐 대비 굽는 온도를 일반적으로 10~20도 정도 낮춰서 구워야 합니다.

알아두면 유용한 기본 베이킹 용어

피케(Pique)

파이나 타르트 반죽 등을 굽는 동안 부풀어 오르지 않도록 반죽 곳곳에 작은 구멍을 내는 것을 뜻합니다.

퐁사쥬(Fonçage)

타르트틀이나 철판 등의 안쪽에 반죽을 밀착하여 깔아 주는 것을 뜻합니다.

도레(Dorer)

과자의 표면에 달걀물 등을 붓으로 바르거나, 맛있어 보이도록 구움색을 내는 것을 뜻합니다. 구워져 나온 파이나 타르트 안쪽에 노른자를 도레하면 얇은 막을 형성해 바삭함이 오래 유지되도록 해줍니다.

아파레이유(Appareil)

틀이나 파이, 타르트 등에 부어 굽는 계란, 설탕, 밀가루, 우유나 크림의 혼합물로 이루어진 묽은 충전물을 뜻합니다.

샹티 크림(Crème Chantilly)

생크림에 설탕을 더하여 휘핑한 것을 말합니다. 반면 설탕을 넣지 않고 휘핑한 생크림은 '크렘 푸에테'라고 합니다.

프레제(Fraiser)

반죽을 손으로 으깨듯이 문질러 재료를 골고루 섞어서 반죽에 매끄러움과 균일성을 주는 작업을 말합니다.

몽타쥬(Montage)

과자나 케이크를 조립하여 완성하는 것을 말합니다.

유화

서로 잘 섞이지 않는 재료인 기름(유지)과 수분을 기름 안에 수분이 잘게 분산된 형태, 혹은 그 반대의 형태로 섞는 것을 말합니다. 유화를 잘하려면 재료들 사이의 온도가 서로 비슷해야 하며, 한 번에 전부 섞기보다는 여러 번에 나누어 넣어 가면서 섞어 주고, 주걱이나 거품기로 휘젓는 등의 물리적인 마찰을 충분히 주어야 합니다. 반죽이 완벽하게 유화되지 않으면 굽는 동안 기름이 빠져나와 식감이 푸석해지고 기름져집니다. 잘 유화되지 않은 가나슈의 경우 기름 성분이 분리되듯이 빠져나오게 됩니다.

팬닝

팬 위에 반죽을 올려놓거나, 틀 안에 반죽을 붓는 것을 의미합니다.

실온 상태의

베이킹 재료를 실내에 계속 꺼내두면 재료들의 온도가 실내 온도로 맞춰지는데, 이때 실내 온도는 20~24도를 기준으로 합니다. 실온 상태의 버터는 부드러운 상태이기 때문에 다른 재료들과 잘 섞이며, 실온 상태의 계란은 차가운 기운이 없어 버터가 들어간 반죽과 잘 섞입니다. 실온 상태의 크림치즈나 페이스트 등의 재료는 부드럽고 덩어리 지지 않아 작업이 용이합니다.

가볍게 퍼올리듯이 섞다

전란이나 흰자를 거품 내어 만드는 거품형 반죽에 가루를 넣은 후 섞을 때에는 먼저 올려놓은 거품이 꺼지지 않도록 최대한 가볍게 섞어야 합니다. 주걱을 든 손은 2시 방향에서 8시 방향으로 볼을 가로지르고, 다른 손은 볼을 잡고 시계 방향으로 조금씩 회전시켜 줍니다. 마지막으로 볼의 테두리 부분을 훑으며 주걱을 뒤집어 가루를 털어내며 마무리합니다. 이 동작을 가루가 반죽에 완전히 섞여 들 때까지 반복합니다.

크림법

부드러운 실온 상태의 버터에 설탕, 계란, 밀가루 등 다른 재료를 차례로 섞어 만드는 방법입니다. 크림법으로 만든 과자나 타르트 반죽은 제조 과정에서 반죽에 공기가 들어가 조직이 성글고 입 안에서 가볍게 부서집니다. 크림법은 버터 베이스의 케이크나 구움과자를 만들 때 가장 흔하게 사용되는 제법입니다.

사블라주법

차가운 버터와 밀가루를 섞어 모래처럼 보슬보슬하게 만드는 방법입니다. 버터와 밀가루를 먼저 섞으면 밀가루를 버터 입자가 감싸면서 수분 재료와 밀가루가 만나 글루텐이 형성되는 것을 방해합니다. 따라서 사블라주법으로 만든 반죽은 조직이 더 촘촘하며 글루텐이 형성되지 않아 상대적으로 더 단단하고 바삭한 식감을 갖습니다.

02

SCONE
스콘

결스콘
플레인 스콘
피자 스콘
트리플 초코 스콘
달코나 스콘
레몬 딜 스콘
블루치즈 감자 스콘
유자 스콘
콘치즈 스콘
버터밀크 비스킷

결스콘

▲ GO TO VIDEO

플레인 스콘과 함께 제 유튜브 채널에서 가장 인기 있는 스콘 Top2에 드는 스콘이에요. 예전에 저는 스콘이 퍽퍽하다는 인식이 있어 별로 좋아하지 않았는데, 이 스콘을 만들어 먹으면서부터는 스콘을 좋아하게 되었어요. 플레인 스콘보다 더 가벼운 식감에, 파이처럼 결이 겹겹이 있어 좀 더 담백하게 부담 없이 먹을 수 있는 스콘이에요.

재료

스콘 6개 분량

박력분 200g, 무염버터 95g, 베이킹파우더 8g, 백설탕 30g, 소금 1g, 우유 90g, 바닐라 익스트랙 2g, 계란물 약간

tip 계란물은 계란 흰자와 노른자를 잘 풀어서 사용합니다.

미리 준비하기

- 가루, 액체를 포함한 모든 재료는 차갑게 준비해 주세요.
- 무염버터는 정육면체 모양으로 작게 썰어서 사용 직전까지 냉장고에 넣어 두세요.
- 박력분, 베이킹파우더, 백설탕, 소금은 섞어서 체 쳐 두세요.
- 오븐을 실제 굽는 온도보다 20~30도 높게 최소 20분 이상 충분히 예열해 주세요.

푸드프로세서로 스콘 만들기

푸드프로세서가 있다면 스크래퍼로 버터를 다지는 번거로운 과정 없이 쉽고 빠르게 스콘을 만들 수 있어요. 반죽이 뭉쳐지기 시작하면 작업대로 반죽을 옮긴 후, 나머지 공정은 스크래퍼로 만드는 것과 동일하게 진행해 주시면 됩니다.

1 푸드프로세서에 차갑게 보관해 두었던 가루 재료들과 잘게 썬 버터를 넣고 푸드프로세서를 짧게 끊어 가면서 작동시켜서 버터 입자가 팥알 정도 크기만큼 작아질 때까지 다져 주세요.

2 차갑게 준비해 둔 액체 재료를 넣고 푸드프로세서를 짧게 끊어 가면서 작동시켜서 보슬보슬한 상태가 될 때까지 섞어 주세요.

3 만약 부재료가 있다면 이 단계에서 넣고, 계속 섞어서 반죽이 여러 덩어리로 뭉쳐지기 시작하면 즉시 작동을 멈추고 반죽을 작업대로 옮겨 주세요.

만드는 법

1 작업대에 체 친 가루 재료를 놓고 작게 썬 버터를 그 위에 놓아주세요.

2 스크래퍼 두 개를 이용해 버터가 팥알 정도 크기가 될 때까지 다져 주세요.

3 2 에 홈을 파서 액체를 부을 수 있는 공간을 만들고, 차가운 우유와 바닐라 익스트랙을 넣고 스크래퍼로 자르듯이 섞어 주세요.

4 날가루가 거의 보이지 않고, 작은 크럼블 상태가 되면 아래로 누르듯이 힘을 주어 가볍게 뭉쳐 주세요.

5 반죽을 대략 사각형 모양으로 만든 다음, 반을 잘라서 겹쳐 주세요.

6 다시 손바닥과 스크래퍼로 누르듯이 모양을 잡아 사각형 모양으로 만들고, 반을 잘라서 겹쳐 주세요.

» 반 잘라 겹치는 과정을 3회 반복해 주세요.

7 완성된 반죽에 비닐이나 랩을 씌우고, 밀대를 이용해 높이 2cm 정도의 긴 사각형 모양을 만들어 주세요.

» 이 단계에서 반죽을 손으로 너무 많이 치대면 버터가 녹아서 구워져 나온 스콘 안쪽이 떡진 듯한 식감을 갖게 돼요. 완성된 반죽은 질척이지 않고, 버터 조각이 콕콕 박힌 것이 육안으로 보이는 상태여야 합니다.

8 반죽이 차갑고 단단해질 때까지 1시간 정도 냉장고에서 휴지해 주세요.

9 차갑고 단단해진 반죽의 가장자리를 칼로 반듯하게 썰어내고 여섯 조각으로 나눈 후, 종이호일이나 테프론 시트를 깐 팬 위에 팬닝해 주세요.

10 스콘 반죽 윗면에 붓으로 계란물을 바르고, 예열한 오븐에 190도에서 17~20분 동안 구워 주세요.

2	3
5	6
7	10

▲ HOW TO MAKE

보관

- 완성된 스콘은 한 김 식히고 따뜻할 때 먹는 것이 가장 맛있어요.
- 실온 1일, 냉동 약 3주까지 보관 가능합니다.
- 보관 후 에어프라이어나 오븐에 180도로 5분 정도 데우면 더 맛있게 드실 수 있어요.

플레인 스콘

▲ GO TO VIDEO

잼이나 클로티드 크림 없이 그냥 먹어도 맛있는 기본 스콘이에요. 많은 양의 버터와 생크림이 들어가 촉촉하면서 풍미가 진해요. 위에 뿌린 터비나도 설탕이 맛과 식감의 포인트가 되니 생략하지 말고 꼭 뿌려 주세요. 일반적인 스콘은 만든 당일부터 점점 맛이 떨어지는 데 비해 이 스콘은 유지방 함량이 높아 2~3일 실온 보관해도 여전히 맛있게 드실 수 있어요.

재료

스콘 8개 분량

박력분 300g, 무염버터 150g, 베이킹파우더 6g, 백설탕 60g, 소금 4g, 생크림 150g, 터비나도 설탕(비정제 갈색 설탕) 약간, 계란물 약간

tip 계란물은 계란 흰자와 노른자를 잘 풀어서 사용합니다.

미리 준비하기

- 가루, 액체를 포함한 모든 재료는 차갑게 준비해 주세요.
- 무염버터는 정육면체 모양으로 작게 썰어서 사용 직전까지 냉장고에 넣어 두세요.
- 박력분, 베이킹파우더, 백설탕, 소금은 섞어서 체 쳐 두세요.
- 오븐을 실제 굽는 온도보다 20~30도 높게 최소 20분 이상 충분히 예열해 주세요.

만드는 법

1 작업대에 체 친 가루 재료를 놓고 작게 썬 버터를 그 위에 놓아주세요.

2 스크래퍼 두 개를 이용해 버터가 쌀알 정도 크기가 될 때까지 다져 주세요.

3 2 에 홈을 파서 액체를 부을 수 있는 공간을 만들고, 차가운 생크림을 넣고 스크래퍼로 자르듯이 섞어 주세요.

4 날가루가 거의 보이지 않고, 작은 크럼블 상태가 되면 아래로 누르듯이 가볍게 뭉쳐 한 덩어리로 만들어 주세요.

» 이 단계에서 반죽을 손으로 너무 많이 치대면 버터가 녹아서 구워져 나온 스콘 안쪽이 떡진 듯한 식감을 갖게 돼요. 완성된 반죽은 질척이지 않고, 버터 조각이 콕콕 박힌 것이 육안으로 보이는 상태여야 합니다.

» 스콘에 결을 만들고 싶다면 이 과정에서 손바닥으로 납작하게 누르고, 반을 잘라서 겹쳐 올리는 작업을 3번 정도 반복해 주면 됩니다.

5 반죽이 한 덩어리가 되었으면 랩으로 싸서 두께 2~2.5cm 정도의 납작한 원형으로 모양을 만들어 주세요.

6 반죽이 차갑고 단단해질 때까지 1시간 정도 냉장고에서 휴지해 주세요.

7 차갑고 단단해진 반죽을 칼로 여덟 조각으로 나눈 후, 종이호일이나 테프론 시트를 깐 팬 위에 팬닝해 주세요.

8 스콘 반죽 윗면에 붓으로 계란물을 바르고, 그 위에 터비나도 설탕을 뿌려주세요.

9 예열한 오븐에 190도에서 17~20분 동안 구워 주세요.

2	3
4	5

▲ HOW TO MAKE

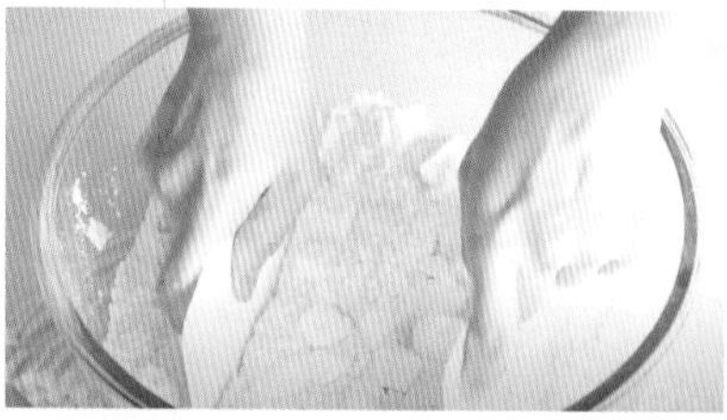

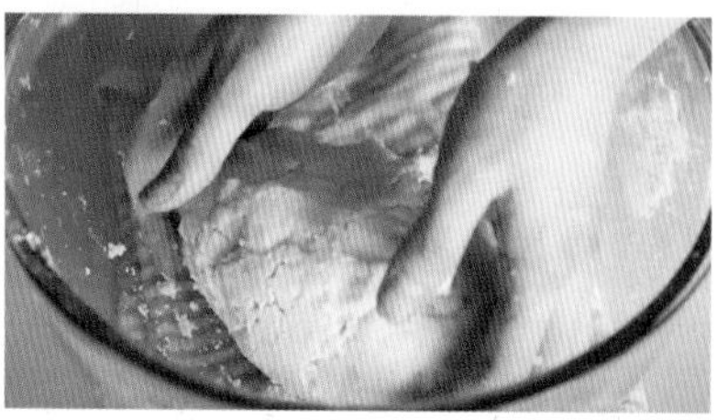

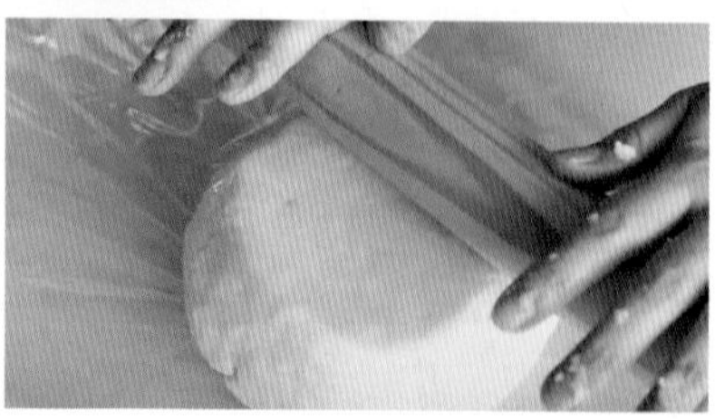

7	8
8	

▲ HOW TO MAKE

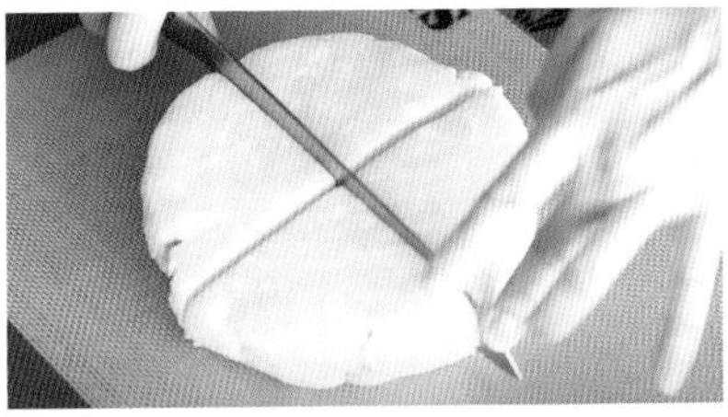
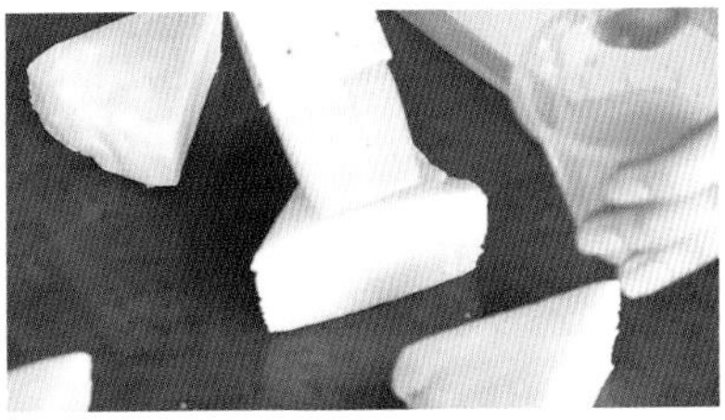

보관

- 완성된 스콘은 한 김 식히고 따뜻할 때 먹는 것이 가장 맛있어요.
- 밀폐하여 실온 2~3일, 냉동 약 3주까지 보관 가능합니다.
- 보관 후 에어프라이어나 오븐에 180도로 5분 정도 데우면 더 맛있게 드실 수 있어요.

피자 스콘

▲ GO TO VIDEO

통 모짜렐라 치즈가 쭈욱 늘어나 비주얼부터 시선을 압도하는 스콘이에요. 페퍼로니, 올리브, 할라피뇨 등 피자 재료들이 듬뿍 들어가 식사용으로도 든든해요.

재료

스콘 6개 분량

박력분 200g, 무염버터 80g, 백설탕 20g, 소금 1g, 베이킹파우더 6g, 파마산 치즈 파우더 30g, 통후추 1g, 토마토 주스 72g, 할라피뇨 통조림 20g, 블랙 올리브 25g, 모짜렐라 치즈 180g, 페퍼로니 6조각, 피자 소스 적당량, 계란물 약간

tip 계란물은 계란 흰자와 노른자를 잘 풀어서 사용합니다.

미리 준비하기

- 가루, 액체를 포함한 모든 재료는 차갑게 준비해 주세요.
- 올리브와 할라피뇨는 키친타올로 물기를 최대한 제거하고, 작게 썰어 두세요.
- 모짜렐라 치즈는 개당 30g씩 정사각형 모양으로 썰고, 슈레드 타입일 경우 30g씩 뭉쳐 두세요.
- 통후추는 굵게 갈아 두세요.
- 무염버터는 정육면체 모양으로 작게 썰어서 사용 직전까지 냉장고에 넣어 두세요.
- 박력분, 베이킹파우더, 백설탕, 소금은 섞어서 체 쳐 두세요.
- 오븐을 실제 굽는 온도보다 20~30도 높게 최소 20분 이상 충분히 예열해 주세요.

만드는 법

1 작업대에 체 친 가루 재료, 파마산 치즈 가루, 간 통후추를 놓고 작게 썬 버터를 그 위에 놓아주세요.

2 스크래퍼 두 개를 이용해 버터가 쌀알 정도 크기가 될 때까지 다져 주세요.

3 2 에 홈을 파서 액체를 부을 수 있는 공간을 만들고, 차가운 토마토 주스를 넣고 스크래퍼로 자르듯이 섞어 주세요.

4 날가루가 거의 보이지 않고, 작은 크럼블 상태가 되면 올리브와 할라피뇨를 넣고 골고루 섞어 주세요.

5 반죽을 아래로 누르듯이 가볍게 뭉쳐 한 덩어리로 만들어 주세요.

6 반죽을 랩으로 싸서 차갑고 단단해질 때까지 1시간 정도 냉장고에서 휴지해 주세요.

7 차갑고 단단해진 반죽을 개당 약 70g씩 여섯 조각으로 나눈 후, 손으로 눌러서 넓적한 모양으로 만들어 주세요.

» 이때, 필요에 따라 덧가루를 조금씩 사용하셔도 괜찮습니다.

8 모짜렐라 치즈를 반죽 가운데 올려놓고 공 모양으로 완전히 감싸 주세요.

» 이때 이음매 부분이 바닥으로 가도록 만들어야 구우면서 터지지 않아요.

9 반죽 윗면 중앙에 홈을 판 후, 피자 소스를 올려 주세요.

10 피자 소스 윗면에 페퍼로니를 하나씩 올려 주세요.

» 만약 컨벡션 오븐을 사용한다면 페퍼로니가 타기 쉬우니 굽는 도중 마지막 5분을 남겨두고 올려 주세요.

11 스콘 반죽 윗면에 붓으로 계란물을 얇게 바르고, 예열한 오븐에 180도에서 24분 동안 구워 주세요.

2	3

▲ HOW TO MAKE

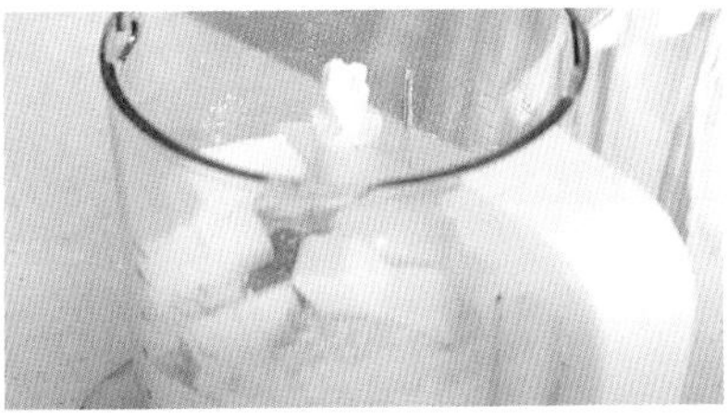

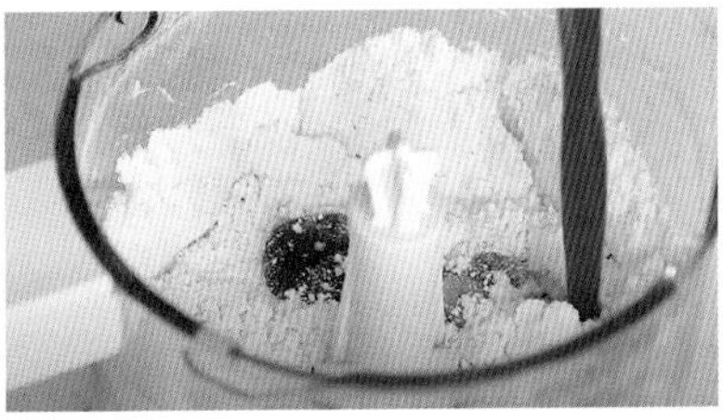

4	5
7	8
9	10
11	

▲ HOW TO MAKE

보관

- 완성된 스콘은 뜨거울 때 먹는 것이 치즈가 쭉쭉 늘어나서 가장 맛있어요.
- 밀폐하여 실온 2~3일, 냉동 약 3주까지 보관 가능합니다.
- 보관 후 에어프라이어나 오븐에 180도로 5분 정도 데우면 더 맛있게 드실 수 있어요.

트리플 초코 스콘

▲ GO TO VIDEO

초코칩, 녹인 초코, 초코 글레이즈가 들어가 처음부터 끝까지 온통 초코초코한 스콘이에요. 글레이즈에 커버춰 초콜릿과 코팅 초콜릿을 섞어서 사용해 주었는데, 코팅 초콜릿만을 사용했을 때보다 맛은 훨씬 좋으면서 커버춰 초콜릿을 사용했을 때 꼭 필요한 템퍼링 과정을 생략해도 되는 이점이 있어요.

재료

스콘 6개 분량

초코 스콘

박력분 200g, 버터 70g, 베이킹파우더 6g, 황설탕 25g, 소금 1g, 계란 40g, 우유 45g, 다크 커버춰 초콜릿 50g(카카오 고형분 57.9%), 다크 초코칩 50g, 계란물 약간

tip 계란물은 계란 흰자와 노른자를 잘 풀어서 사용합니다.

초코 글레이즈

다크 커버춰 초콜릿 20g(카카오 고형분 57.9%), 다크 코팅 초콜릿 40g, 식물성 오일 10g

미리 준비하기

- 가루, 액체를 포함한 모든 재료는 차갑게 준비해 주세요.
- 무염버터는 정육면체 모양으로 작게 썰어서 사용 직전까지 냉장고에 넣어 두세요.
- 박력분, 베이킹파우더, 황설탕, 소금은 섞어서 체 쳐 두세요.
- 스콘 반죽에 넣을 다크 커버춰 초콜릿은 중탕이나 전자레인지로 완전히 녹인 다음 미지근하게 식혀 두세요.
- 오븐을 실제 굽는 온도보다 20~30도 높게 최소 20분 이상 충분히 예열해 주세요.

만드는 법

초코 스콘

1 작업대에 체 친 가루 재료를 놓고 작게 썬 버터를 그 위에 놓아주세요.

2 스크래퍼 두 개를 이용해 버터가 쌀알 정도 크기가 될 때까지 다져 주세요.

3 2 에 홈을 파서 액체를 부을 수 있는 공간을 만들고, 차가운 우유와 계란을 넣고 스크래퍼로 자르듯이 섞어 주세요.

4 녹여서 30도 정도까지 식힌 다크 커버춰 초콜릿을 넣고 스크래퍼로 자르듯이 골고루 섞어 주세요.

» 녹인 초콜릿이 너무 뜨거우면 반죽 안의 버터가 녹을 수 있으니 충분히 식혀서 온도를 내린 후 넣어 주세요.

5 반죽에 초콜릿이 고루 퍼지면 초코칩을 넣고 가볍게 섞어 한 덩어리로 만들어 주세요.

6 완성된 반죽을 랩이나 비닐로 싸서 차갑고 단단해질 때까지 냉장고에서 3시간 정도 휴지해 주세요.

» 이 스콘은 휴지 시간이 충분하지 않으면 구워지면서 옆으로 퍼지므로 시간을 두고 충분히 휴지해 주세요.

7 차갑고 단단해진 반죽을 개당 80g씩 6등분하여 자연스러운 모양으로 뭉쳐 주세요.

8 스콘 반죽 윗면에 붓으로 계란물을 얇게 바르고, 예열한 오븐에 180도에서 20분 동안 구워 주세요.

9 스콘이 따뜻할 때 초코 글레이즈를 묻히면 잘 굳지 않으므로 냉장고에 스콘을 잠시 넣어서 차갑게 만들어 주세요.

2	3

▲ HOW TO MAKE

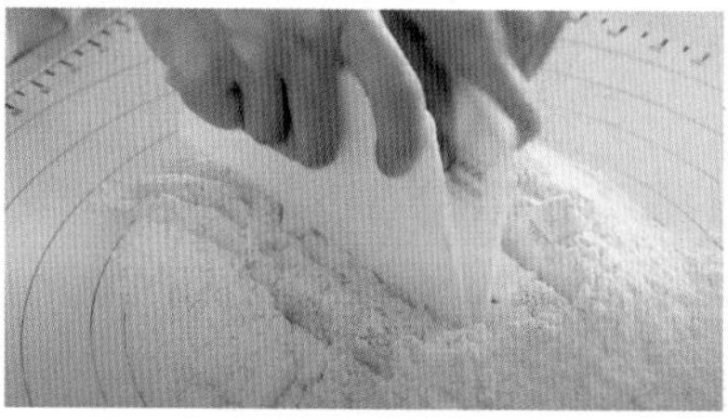

4	5
7	8

▲ HOW TO MAKE

초코 글레이즈

1 다크 코팅 초콜릿과 커버춰 초콜릿을 함께 녹여 주세요.

2 포도씨유를 넣고 주걱으로 잘 섞은 후, 미지근하게 식혀 주세요.

3 스콘 윗면에 완성된 글레이즈를 묻혀서 굳혀 주세요.

» 스콘이 차갑지 않으면 초코가 실온에서 굳는 데 오래 걸리니 냉장고에 잠깐 넣어서 굳혀 주세요.

1	3

▲ HOW TO MAKE

보관

- 완성된 스콘은 밀폐하여 실온 2~3일, 냉동 약 3주까지 보관 가능합니다.
- 보관 후 드실 때는 초콜릿이 묻어 있어 다시 데우시는 것보다는 자연스럽게 해동한 상태로 드시면 됩니다.

달고나 스콘

▲ GO TO VIDEO

달지 않은 담백한 스콘 반죽 위에 달달한 달고나를 가득 올려 포슬하게 부서지는 스콘과 바삭한 달고나의 식감 대비가 재미있는 스콘이에요.

재료

스콘 6개 분량

달고나 스콘

중력분 200g, 무염버터 70g, 베이킹파우더 6g, 백설탕 35g, 소금 2g, 우유 70g, 계란 50g, 바닐라 익스트랙 2g, 계란물 약간

tip 계란물은 계란 흰자와 노른자를 잘 풀어서 사용합니다.

달고나

백설탕 200g, 물 66g, 베이킹 소다 2g

미리 준비하기

- 가루, 액체를 포함한 모든 재료는 차갑게 준비해 주세요.
- 무염버터는 정육면체 모양으로 작게 썰어서 사용 직전까지 냉장고에 넣어 두세요.
- 중력분, 베이킹파우더, 백설탕, 소금은 섞어서 체 쳐 두세요.
- 오븐을 실제 굽는 온도보다 20~30도 높게 최소 20분 이상 충분히 예열해 주세요.

만드는 법

▌달고나 스콘

1 작업대에 체 친 가루 재료를 놓고 작게 썬 버터를 그 위에 놓아주세요.

2 스크래퍼 두 개를 이용해 버터가 쌀알 정도 크기가 될 때까지 다져 주세요.

3 2 에 홈을 파서 액체를 부을 수 있는 공간을 만들고, 차가운 우유, 계란, 바닐라 익스트랙을 넣고 스크래퍼로 자르듯이 섞어 주세요.

4 날가루가 거의 보이지 않고, 작은 크럼블 상태가 되면 아래로 누르듯이 가볍게 뭉쳐 한 덩어리로 만들어 주세요.

» 이 단계에서 반죽을 손으로 너무 많이 치대면 버터가 녹아서 구워져 나온 스콘 안쪽이 떡진 듯한 식감을 갖게 돼요. 완성된 반죽은 질척이지 않고, 버터 조각이 콕콕 박힌 것이 육안으로 보이는 상태여야 합니다.

» 스콘에 결을 만들고 싶다면 이 과정에서 손바닥으로 납작하게 누르고, 반을 잘라서 겹쳐 올리는 작업을 3번 정도 반복해 주면 됩니다.

5 반죽이 한 덩어리가 되었으면 랩으로 싸서 두께 2~2.5cm 정도의 납작한 원형으로 모양을 만들어 주세요.

6 반죽이 차갑고 단단해질 때까지 1시간 정도 냉장고에서 휴지해 주세요.

7 차갑고 단단해진 반죽을 여섯 조각으로 나눈 후, 종이호일이나 테프론 시트를 깐 팬 위에 팬닝해 주세요.

8 스콘 반죽 윗면에 붓으로 계란물을 바르고, 예열한 오븐에 190도에서 17~20분 동안 구워 주세요.

2	3
4	5

▲ HOW TO MAKE

7 8

▲ HOW TO MAKE

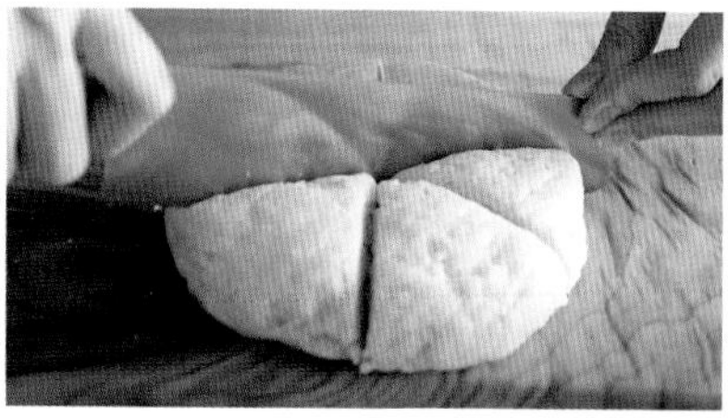

달고나

1 냄비에 물과 설탕을 넣고, 젓지 말고 중약불로 가열하세요.

2 170도가 될 때까지 가열한 후, 불을 끄고 바로 베이킹 소다를 넣으세요.

» 온도계가 없을 경우, 투명한 시럽이 살짝 노랗게 변했을 때 불을 끄면 됩니다.

3 부풀어 오르면서 거품이 조밀해지고 먹음직스러운 황토색이 될 때까지 주걱으로 휘저어 주세요.

» 너무 오랫동안 휘저으면 색이 진해지고 부피가 작아지면서 탄 맛이 나고 딱딱한 달고나가 되기 쉬워요.

4 달고나가 굳기 전에 스쿱 등을 사용해 스콘 위에 빠르게 올려 주세요.

2 3 4

▲ HOW TO MAKE

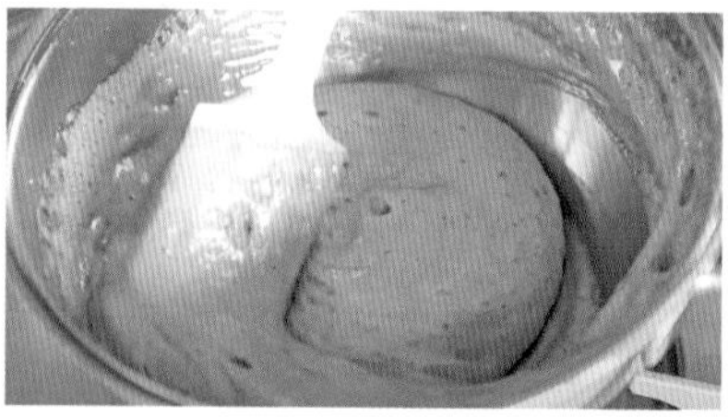

보관

- 완성된 스콘은 밀폐하면 스콘 쪽의 수분이 달고나 쪽으로 옮겨 가면서 달고나가 녹기 때문에 밀봉하지 않은 상태로 만든 당일에 드시는 것이 가장 좋습니다.

레몬 딜 스콘

▲ GO TO VIDEO

레몬 스콘을 만들려다가, 조금 더 특별하게 만들어 보고 싶어 딜을 추가하여 만들어 본 스콘이에요. 딜 특유의 청량함이 레몬과 잘 어울려 한층 고급스러운 맛을 표현해 줘요. 딜은 우리나라에서는 흔하지 않고 낯선 식재료여서 호불호가 갈릴 수 있으니 딜을 생략하고 레몬 스콘으로 만들어 보셔도 좋아요.

재료

스콘 6개 분량

레몬 딜 스콘

박력분 200g, 무염버터 90g, 백설탕 60g, 소금 2g, 베이킹파우더 4g, 베이킹 소다 2g, 레몬즙 25g, 생크림 50g, 레몬 제스트 5g, 딜 5g, 생크림 약간(표면에 바를 용도)

레몬 아이싱

레몬즙 20g, 슈가파우더 110g

미리 준비하기

- 가루, 액체를 포함한 모든 재료는 차갑게 준비해 주세요.
- 무염버터는 정육면체 모양으로 작게 썰어서 사용 직전까지 냉장고에 넣어 두세요.
- 딜은 잘게 썰어 두세요.
- 레몬은 깨끗이 씻어서 껍질 부분을 제스터로 갈아 제스트를 만들고, 알맹이는 즙을 내주세요.
- 박력분, 베이킹파우더, 베이킹 소다, 백설탕, 소금은 섞어서 체 쳐 두세요.
- 오븐을 실제 굽는 온도보다 20~30도 높게 최소 20분 이상 충분히 예열해 주세요.

만드는 법

▌ 레몬 딜 스콘

1 작업대에 체 친 가루 재료를 놓고 작게 썬 버터를 그 위에 놓아주세요.

2 스크래퍼 두 개를 이용해 버터가 쌀알 정도 크기가 될 때까지 다져 주세요.

3 2 에 홈을 파서 액체를 부을 수 있는 공간을 만들고, 차가운 생크림과 레몬즙을 넣고 스크래퍼로 자르듯이 섞어 주세요.

4 날가루가 거의 보이지 않고, 작은 크럼블 상태가 되면 레몬 제스트와 다진 딜을 넣고 골고루 섞어 주세요.

5 반죽을 가볍게 뭉쳐 한 덩어리로 만들고, 랩으로 싸서 두께 2~2.5cm 정도의 납작한 원형으로 모양을 만들어 주세요.

» 이 단계에서 반죽을 손으로 너무 많이 치대면 버터가 녹아서 구워져 나온 스콘 안쪽이 떡진 듯한 식감을 갖게 돼요. 완성된 반죽은 질척이지 않고, 버터 조각이 콕콕 박힌 것이 육안으로 보이는 상태여야 합니다.

CHECK POINT. 7

6 반죽이 차갑고 단단해질 때까지 1시간 정도 냉장고에서 휴지해 주세요.

7 차갑고 단단해진 반죽을 여섯 조각으로 나눈 후, 자연스러운 원형으로 둥글게 뭉쳐 주세요. (개당 70~75g)

» 표면이 아주 매끈한 것보다 꼬집어서 울퉁불퉁하게 모양을 잡아 주면 더 자연스럽고 예뻐요.

8 스콘 반죽 윗면에 붓으로 생크림을 얇게 바르고, 예열한 오븐에 180도에서 20분 동안 구워 주세요.

2	4
7	8

▲ HOW TO MAKE

레몬 아이싱

1 분량의 레몬즙과 슈가파우더를 잘 섞어 주세요.

2 구워져 나온 스콘 위에 뿌려주세요.

1	2

▲ HOW TO MAKE

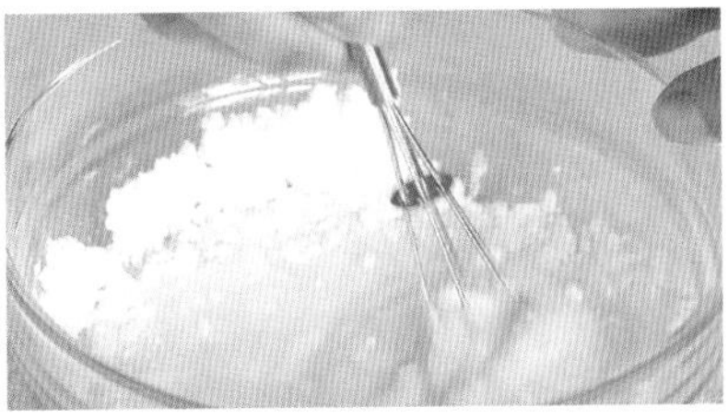

보관

- 완성된 스콘은 밀폐하여 실온 2일, 냉동 약 3주까지 보관 가능합니다.
- 보관 후 드실 때는 레몬 아이싱이 묻어 있어 다시 데우시는 것보다는 자연스럽게 해동한 상태로 드시면 됩니다.

블루치즈 감자 스콘

▲ GO TO VIDEO

블루치즈 소스를 곁들인 감자 뇨끼를 정말 좋아하는데, 그 맛을 떠올리면서 만들어 본 스콘이에요. 평소에 블루치즈를 별로 즐기지 않는 분들도 향이 많이 강하지 않고 짭짤, 담백하기 때문에 아마 마음에 드실 거예요. 감자가 듬뿍 들어가 한 끼 식사로도 손색없는 스콘입니다.

재료

스콘 8개 분량

박력분 120g, 중력분 180g, 무염버터 120g, 베이킹파우더 9g, 백설탕 30g, 소금 4g, 통후추 1g, 버터밀크 97g, 계란 35g, 블루치즈 23g, 베이컨 30g, 감자 65g, 계란물 약간

tip 계란물은 계란 흰자와 노른자를 잘 풀어서 사용합니다.

tip **버터밀크 :** 우유에서 버터를 분리하고 남은 액체에 젖산균을 넣어 발효시킨 것인데, 한국에서는 생산되지 않아 구할 수 없어요. 우유 90g에 레몬즙 7g을 섞어 대체하시면 됩니다.

미리 준비하기

- 가루, 액체를 포함한 모든 재료는 차갑게 준비해 주세요.
- 무염버터는 정육면체 모양으로 작게 썰어서 사용 직전까지 냉장고에 넣어 두세요.
- 통후추는 굵게 갈아 두세요.
- 블루치즈는 작게 다져 주세요.
- 베이컨은 바짝 구워 작게 다진 후 식혀 두세요.
- 감자는 삶아서 뜨거울 때 체에 내린 후 식혀 두세요.

- 박력분, 중력분, 베이킹파우더, 백설탕, 소금, 후추는 섞어서 체 쳐 두세요.
- 오븐을 실제 굽는 온도보다 20~30도 높게 최소 20분 이상 충분히 예열해 주세요.

만드는 법

1. 작업대에 체 친 가루 재료를 놓고 작게 썬 버터를 그 위에 놓아주세요.
2. 스크래퍼 두 개를 이용해 버터가 쌀알 정도 크기가 될 때까지 다져 주세요.
3. 2 에 홈을 파서 액체를 부을 수 있는 공간을 만들고, 차가운 버터밀크를 넣고 스크래퍼로 자르듯이 섞어 주세요.
4. 날가루가 거의 보이지 않고, 작은 크럼블 상태가 되면 차게 식혀둔 감자, 베이컨, 블루치즈를 넣고 골고루 섞어 한 덩어리로 만들어 주세요.
5. 완성된 반죽을 개당 85~90g씩 8등분하여 자연스러운 공 모양으로 뭉쳐 주세요.
   » 표면이 아주 매끈한 것보다 꼬집어서 울퉁불퉁하게 모양을 잡아 주면 더 자연스럽고 예뻐요.
6. 표면에 붓으로 계란물을 얇게 바르고, 190도에서 17분 동안 구워 주세요.

3	4
5	6

▲ HOW TO MAKE

보관

- 완성된 스콘은 한 김 식히고 따뜻할 때 먹는 것이 가장 맛있어요.
- 실온 2일, 냉동 약 3주까지 보관 가능합니다.
- 보관 후 에어프라이어나 오븐에 180도로 5분 정도 데우면 더 맛있게 드실 수 있어요.

유자 스콘

▲ GO TO VIDEO

겨울철 누구나 집에 한 병씩은 구비해 두는 유자청을 사용해 간단하게 만들 수 있는 스콘이에요. 기본적인 재료에 유자청만 더했을 뿐인데 겉은 바삭하고 속은 촉촉하면서 유자의 맛과 향이 진하게 살아 있는 맛있는 스콘이 되었어요. 새콤한 맛을 더하고 싶다면 레몬 딜 스콘의 아이싱 파트를 응용해서 글레이즈를 더해 주어도 맛있답니다.

재료
스콘 6개 분량

중력분 200g, 무염버터 85g, 백설탕 28g, 소금 2g, 베이킹파우더 6g, 생크림 60g, 유자청 100g, 생크림 약간(표면에 바를 용도), 가니시용 유자청 약간

미리 준비하기

- 가루, 액체를 포함한 모든 재료는 차갑게 준비해 주세요.
- 무염버터는 정육면체 모양으로 작게 썰어서 사용 직전까지 냉장고에 넣어 두세요.
- 중력분, 베이킹파우더, 백설탕, 소금은 섞어서 체 쳐 두세요.
- 오븐을 실제 굽는 온도보다 20~30도 높게 최소 20분 이상 충분히 예열해 주세요.

만드는 법

1 작업대에 체 친 가루 재료를 놓고 작게 썬 버터를 그 위에 놓아주세요.

2 스크래퍼 두 개를 이용해 버터가 쌀알 정도 크기가 될 때까지 다져 주세요.

3 2 에 홈을 파서 액체를 부을 수 있는 공간을 만들고, 차가운 유자청과 생크림을 넣고 스크래퍼로 자르듯이 섞어 주세요.

4 날가루가 거의 보이지 않고, 작은 크럼블 상태가 되면 아래로 누르듯이 가볍게 뭉쳐 한 덩어리로 만들어 주세요.

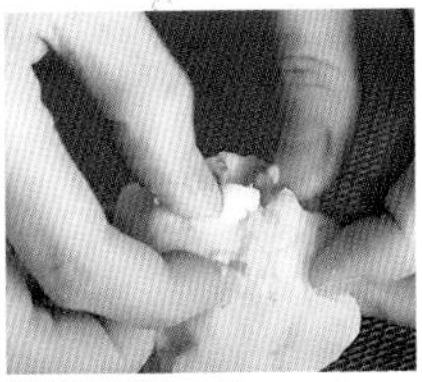

CHECK POINT. 6

5 반죽을 비닐이나 랩으로 감싼 후 냉장고에서 반죽이 단단해질 때까지 1시간 정도 휴지시켜 주세요.

6 완성된 반죽을 개당 75~80g씩 8등분하여 자연스러운 공 모양으로 뭉쳐 주세요.

» 표면이 아주 매끈한 것보다 꼬집어서 울퉁불퉁하게 모양을 잡아 주면 더 자연스럽고 예뻐요.

7 표면에 붓으로 계란물을 얇게 바르고, 180도에서 20분 동안 구워 주세요.

8 윗면에 유자청을 가니시로 조금 올려 주세요.

3	4
7	8

▲ HOW TO MAKE

보관

- 완성된 스콘은 한 김 식히고 따뜻할 때 먹는 것이 가장 맛있어요.
- 실온 2일, 냉동 약 3주까지 보관 가능합니다.
- 보관 후 에어프라이어나 오븐에 180도로 5분 정도 데우면 더 맛있게 드실 수 있어요.

콘치즈 스콘

▲ GO TO VIDEO

단맛과 짠맛이 완벽하게 조화를 이루는 최고의 세이보리 스콘이에요. 이 스콘을 만드실 때는 치즈와 옥수수의 선택이 중요한데, 치즈는 가공된 슬라이스 형태보다는 슈레드나 블럭 형태의 체다 치즈를 사용하시는 것이 모양도 먹음직스럽고 맛있어요. 통조림 옥수수는 옥수수 자체에 소금간이 되어 있는 제품을 골라 사용해 주셔야 부재료 쪽에도 간이 잘 배어 있어 훨씬 맛있답니다.

재료

스콘 6개 분량

스콘

박력분 160g, 강력분 40g, 무염버터 50g, 베이킹파우더 5g, 백설탕 40g, 소금 2g, 생크림 100g, 계란 30g, 캔옥수수 55g, 체다 치즈 70g, 토핑용 체다 치즈 적당량

글레이즈

흰자 5g, 슈가파우더 15g

미리 준비하기

- 가루, 액체를 포함한 모든 재료는 차갑게 준비해 주세요.
- 무염버터는 정육면체 모양으로 작게 썰어서 사용 직전까지 냉장고에 넣어 두세요.
- 박력분, 강력분, 베이킹파우더, 백설탕, 소금은 섞어서 체 쳐 두세요.
- 캔옥수수는 키친타올을 이용해 물기를 최대한 제거해 주세요.
- 체다 치즈는 작게 썰어 두세요.
- 오븐을 실제 굽는 온도보다 20~30도 높게 최소 20분 이상 충분히 예열해 주세요.

만드는 법

1 1

▲ HOW TO MAKE

글레이즈

1 분량의 흰자와 슈가파우더를 섞어 주세요.

스콘

1 작업대에 체 친 가루 재료를 놓고 작게 썬 버터를 그 위에 놓아주세요.

2 스크래퍼 두 개를 이용해 버터가 쌀알 정도 크기가 될 때까지 다져 주세요.

3 2 에 홈을 파서 액체를 부을 수 있는 공간을 만들고, 차가운 생크림과 계란을 넣고 스크래퍼로 자르듯이 섞어 주세요.

4 날가루가 거의 보이지 않고, 작은 크럼블 상태가 되면 체다 치즈와 옥수수를 넣고 골고루 섞어 한 덩어리로 만들어 주세요.

» 스콘에 결을 만들고 싶다면 이 과정에서 손바닥으로 납작하게 누르고, 반을 잘라서 겹쳐 올리는 작업을 3번 정도 반복해 주면 됩니다.

CHECK POINT. 4

5 반죽을 비닐이나 랩으로 감싼 후 냉장고에서 반죽이 단단해질 때까지 1시간 정도 휴지시켜 주세요.

6 단단해진 반죽을 칼이나 스크래퍼로 6등분 해 주세요.

7 스콘 윗면에 만들어 둔 글레이즈를 듬뿍 올리고, 180도에서 20분 동안 구워 주세요.

2 3

▲ HOW TO MAKE

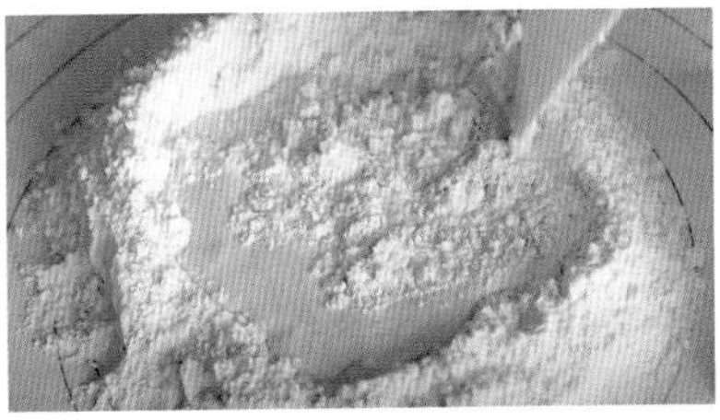

4 6
7

▲ HOW TO MAKE

보관

- 완성된 스콘은 한 김 식히고 따뜻할 때 먹는 것이 가장 맛있어요.
- 실온 2일, 냉동 약 3주까지 보관 가능합니다.
- 보관 후 에어프라이어나 오븐에 180도로 5분 정도 데우면 더 맛있게 드실 수 있어요.

버터밀크 비스킷

▲ GO TO VIDEO

퍽퍽하면서 담백해서 계속 손이 가는 스콘과 비스킷은 비슷한 듯 다른 점이 많은데요. 스콘은 영국에서 유래하여 주로 차와 함께 먹는 티푸드이지만, 비스킷은 후식보다는 주로 식사에 곁들이는 용도로 미국에서 먹기 시작한 퀵브레드예요. KFC에서 예전에 인기 있었던 비스킷 스타일로, 겉은 바삭하면서 안쪽은 부드럽고 폭신한 식감으로 만들어 보았어요. 버터밀크의 신맛이 반죽에 들어가면 약간의 쿰쿰한 향과 풍미를 주어서 우유나 생크림을 넣은 것과는 또 다른 매력이 있답니다.

재료

6개 분량

박력분 200g, 무염버터 70g, 베이킹파우더 7g, 백설탕 35g, 소금 2g, 버터밀크 75g, 계란 45g, 바닐라 익스트랙 2g, 계란물 약간

tip 계란물은 계란 흰자와 노른자를 잘 풀어서 사용합니다.

tip **버터밀크**: 우유에서 버터를 분리하고 남은 액체에 젖산균을 넣어 발효시킨 것인데, 한국에서는 생산되지 않아 구할 수 없어요. 우유 70g에 레몬즙 5g을 섞어 대체하시면 됩니다.

미리 준비하기

- 가루, 액체를 포함한 모든 재료는 차갑게 준비해 주세요.
- 무염버터는 정육면체 모양으로 작게 썰어서 사용 직전까지 냉장고에 넣어 두세요.
- 박력분, 베이킹파우더, 백설탕, 소금은 섞어서 체 쳐 두세요.
- 오븐을 실제 굽는 온도보다 20~30도 높게 최소 20분 이상 충분히 예열해 주세요.

만드는 법

1 작업대에 체 친 가루 재료를 놓고 작게 썬 버터를 그 위에 놓아주세요.

2 스크래퍼 두 개를 이용해 버터가 쌀알 정도 크기가 될 때까지 다져 주세요.

3 2 에 홈을 파서 액체를 부을 수 있는 공간을 만들고, 차가운 버터밀크와 계란, 바닐라 익스트랙을 넣고 스크래퍼로 자르듯이 섞어 주세요.

4 날가루가 보이지 않고 전체적으로 골고루 섞이면, 반죽을 개당 70g씩 6등분 하여 울퉁불퉁한 공 모양으로 팬닝해 주세요.

» 비스킷은 일반적인 스콘 반죽보다 수분량이 많아 질척입니다. 포크나 주걱 등으로 자연스럽게 떼어내 주세요.

5 표면에 붓으로 계란물을 얇게 바르고, 190도에서 17분 동안 구워 주세요.

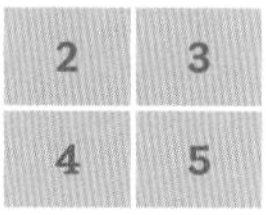

▲ HOW TO MAKE

보관

- 완성된 스콘은 한 김 식히고 따뜻할 때 먹는 것이 가장 맛있어요.
- 실온 2일, 냉동 약 3주까지 보관 가능합니다.
- 보관 후 에어프라이어나 오븐에 180도로 5분 정도 데우면 더 맛있게 드실 수 있어요.

03

MACARON & DACQUOISE
마카롱과 다쿠아즈

프렌치 머랭을 이용한 마카롱 꼬끄
이탈리안 머랭을 이용한 마카롱 꼬끄
스위스 머랭을 이용한 마카롱 꼬끄
솔티 바닐라 마카롱
콘치즈 마카롱
요거트 마카롱
패션후르츠 마카롱
고구마 케이크 마카롱
흑임자 마카롱
마스카포네 티라미수 마카롱
레드벨벳 마카롱
진한 딸기 마카롱
레몬 다쿠아즈
캐러멜 다쿠아즈
헤이즐넛 프랄리네 다쿠아즈

프렌치 머랭을 이용한 마카롱 꼬끄

▲ GO TO VIDEO

프렌치 머랭을 이용해 만든 마카롱 꼬끄는 쫀득쫀득한 식감을 가지고 있어요. 세 가지 방법 중에 준비 과정 및 만드는 공정이 가장 간단하지만 머랭에 설탕을 나눠 넣는 타이밍이나 머랭을 휘핑하는 속도, 손의 움직임 등에 따라 머랭의 질이 크게 달라지므로 공정상 가장 변수가 많은 예민한 방법입니다. 다른 마카롱에 비해 건조 시간이 비교적 오래 걸린다는 것도 단점입니다.

재료

지름 3.5cm 마카롱 꼬끄 40~44개 분량

흰자 66g, 백설탕 66g, 슈가파우더 88g, 아몬드 가루 88g, 식용 색소 적당량

미리 준비하기

- 흰자는 차갑게 준비하세요.
- 아몬드 가루와 슈가파우더는 잘 섞어서 체에 쳐 주세요.
- 팬에 유산지나 테프론 시트를 깔아 두세요.
- 오븐을 실제 굽는 온도보다 20~30도 높게 최소 20분 이상 충분히 예열해 주세요.

만드는 법

1 차가운 흰자에 설탕을 3회에 걸쳐 나눠 넣어가며 핸드믹서로 휘핑해 뿔이 뾰족하게 서는 단단한 머랭을 만들어 주세요.

» 럭셀 핸드믹서 기준, 16단 중 6단으로 1분 → 설탕 1/3 투입 → 6단으로 30초 → 설탕 1/3 투입 → 6단으로 30초 → 설탕 1/3 투입 → 6단으로 30초 → 11단으로 2~3분 → 색소 투입 → 1단으로 2분 동안 기공 정리 해 주었어요.

2 완성된 프렌치 머랭에 체 친 아몬드 가루와 슈가파우더를 넣고 주걱의 날 부분으로 가볍게 섞어 균일한 상태로 만들어 주세요.

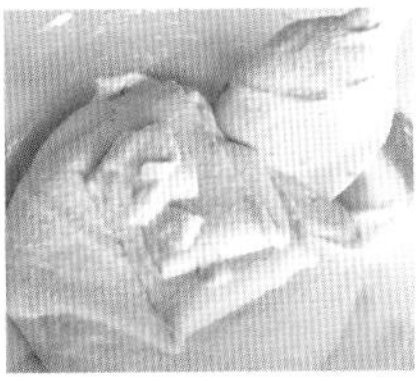

CHECK POINT. 3

3 볼 벽에 지그시 누르듯이 반죽을 펼쳐서 반죽 안의 기포를 빼 주는 마카로나쥬 작업을 해 주세요.

» 반죽을 떨어뜨리고 10초 정도 두었을 때, 반죽이 스르르 퍼지면서 반죽 사이의 경계가 약간 흐릿해지는 상태가 적당합니다.

4 804호 깍지를 끼운 짤주머니에 반죽을 담아 지름 3.2~3.3cm 정도의 원형으로 파이핑해 주세요.

5 반죽이 원하는 정도의 지름과 두께로 퍼질 수 있게 팬 밑을 손바닥으로 가볍게 두드려 주세요.

6 30분~1시간 정도 표면이 손으로 만졌을 때 묻어나지 않을 때까지 건조해 주세요.

7 예열한 오븐에 150도에서 10분 정도 구워 주세요.

» 굽는 시간은 파이핑하는 크기에 따라 달라질 수 있습니다.

8 구워져 나온 마카롱 꼬끄는 완전히 식힌 후 뒤집어서 시트에서 떼어내 주세요.

1	1
2	3

▲ HOW TO MAKE

4	6

▲ HOW TO MAKE

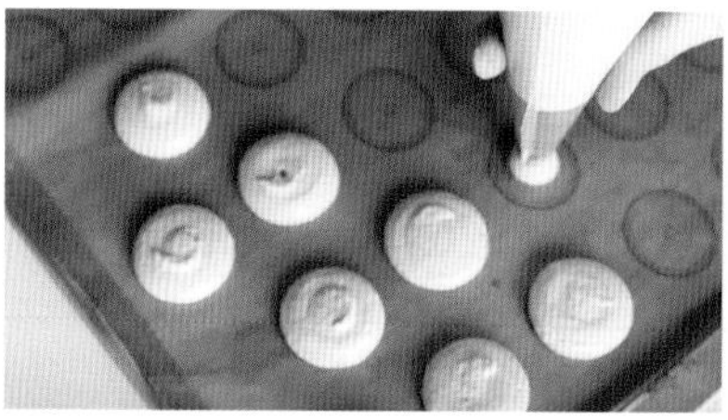

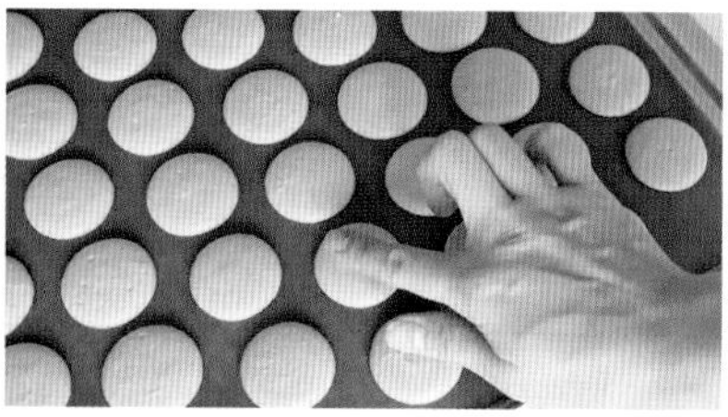

보관

- 밀폐용기에 담아 실온 1일, 냉동 약 2주까지 보관 가능합니다.
- 냉동한 마카롱 꼬끄는 용기 뚜껑을 닫은 채로 냉장실에 잠시 두어서 해동했다가 실온으로 다시 옮겨서 사용하시면 됩니다.

이탈리안 머랭을 이용한 마카롱 꼬끄

▲ GO TO VIDEO

흰자에 끓인 시럽을 부어 휘핑해서 만드는 이탈리안 머랭은 프렌치 머랭보다 튼튼하고 안정적인 성질을 가지고 있습니다. 따라서 이탈리안 머랭을 이용해 만든 마카롱 반죽은 프렌치 머랭 마카롱보다 안정성이 높으며 오랫동안 방치해도 반죽 상태가 쉽게 변하지 않아 대량 생산에 적합합니다. 이탈리안 머랭을 만들 줄 안다면 성공 확률이 가장 높은 마카롱입니다. 다만 설탕량을 어느 정도 조절 가능한 프렌치 머랭 마카롱에 비해 흰자 대비 시럽의 비율이 정해져 있어 당도가 상대적으로 높습니다. 시럽을 넣는 이탈리안 머랭의 특성상 부드러우면서 캐러멜처럼 쫀쫀하게 늘어지는 식감을 가지고 있습니다.

재료

지름 3.5cm 마카롱 꼬끄 80~88개 분량

페이스트

아몬드 가루 166g, 슈가파우더 166g, 계란 흰자 60g

이탈리안 머랭

백설탕(A) 140g, 물 36g, 계란 흰자 60g, 백설탕(B) 10g

미리 준비하기

- 아몬드 가루와 슈가파우더는 잘 섞어서 체에 쳐 주세요.
- 팬에 유산지나 테프론 시트를 깔아 두세요.
- 오븐을 실제 굽는 온도보다 20~30도 높게 최소 20분 이상 충분히 예열해 주세요.

만드는 법

1 큰 볼에 체 친 아몬드 가루와 슈가파우더를 담아 주세요.

2 흰자(페이스트용)를 넣고 주걱으로 섞어 페이스트 상태로 만들어 주세요. 이탈리안 머랭을 만드는 동안 마르지 않도록 볼에 랩이나 젖은 행주를 씌워 두세요.

» 식용 색소를 넣을 경우 이 시점에서 흰자와 함께 넣습니다.

3 설탕과 물을 냄비에 담아 중약불로 118도까지 가열해 주세요.

4 3 의 온도가 110도 정도가 되면 흰자에 설탕(B)를 넣고 휘핑하기 시작하세요.

» 계란 흰자의 양이 너무 적으면 휘핑이 잘 되지 않으므로 넉넉한 분량을 만드시는 것이 좋아요.

5 3 이 118도가 되면 불을 끄고, 흰자를 고속으로 휘핑하면서 3 을 조금씩 흘려 넣어 주세요.

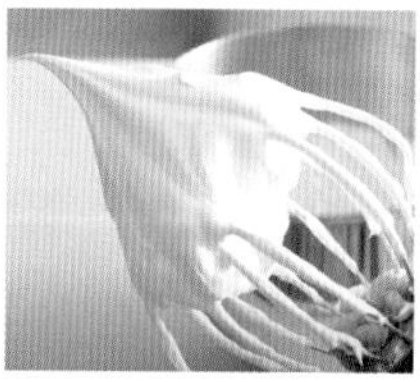

CHECK POINT. 6

6 1~2분 정도 고속으로 휘핑하다가 속도를 내려서 머랭이 미지근하게 식고, 단단하게 올라올 때까지 중속으로 휘핑해 주세요.

» 볼을 만져보았을 때 미지근하고, 거품기 날을 천천히 수직으로 들어 올렸을 때 축 늘어지는 뿔이 아니라 뾰족한 형태의 뿔이 생기면 됩니다.

7 2 에 완성된 이탈리안 머랭을 40% 정도만 먼저 넣고, 주걱으로 덩어리 없이 균일하게 잘 풀어 주세요.

» 이때 덩어리 없이 잘 풀어주는 게 목적이라 강하게 치대도 됩니다.

8 나머지 머랭을 모두 넣고, 거품이 꺼지지 않도록 주걱의 날을 세워서 가볍게 섞어 균일한 상태로 만들어 주세요.

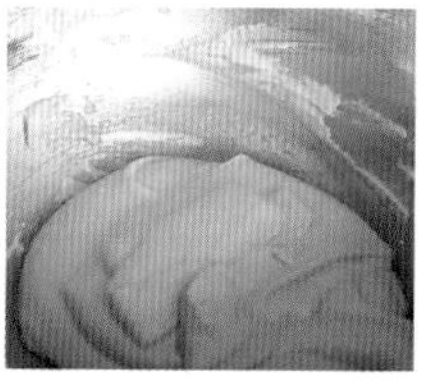

CHECK POINT. 9

9 볼 벽에 지그시 누르듯이 반죽을 펼쳐서 반죽 안의 기포를 빼 주는 마카로나쥬 작업을 해 주세요.

» 반죽을 떨어뜨리고 10초 정도 두었을 때, 반죽이 스르르 퍼지면서 반죽 사이의 경계가 약간 흐릿해지는 상태가 적당합니다.

10 804호 깍지를 끼운 짤주머니에 반죽을 담아 지름 3.2~3.3cm 정도의 원형으로 파이핑해 주세요.

» 한 가지 색상의 마카로나쥬가 완성되면 짤주머니에 담아두고 다음 색상의 마카로나쥬를 진행해 주세요. 이탈리안 머랭 마카롱 반죽은 안정성이 높아서 짤주머니에 담아 놓으면 꽤 오랫동안 좋은 상태를 유지해요.

11 반죽이 원하는 정도의 지름과 두께로 퍼질 수 있게 팬 밑을 손바닥으로 가볍게 두드려 주세요.

12 30분~1시간 정도 표면이 손으로 만졌을 때 묻어나지 않을 때까지 건조해 주세요.

13 예열한 오븐에 150도에서 10분 정도 구워 주세요.

» 굽는 시간은 파이핑하는 크기에 따라 달라질 수 있습니다.

14 구워져 나온 마카롱 꼬끄는 완전히 식힌 후 뒤집어서 시트에서 떼어내 주세요.

2	5
9	10
12	14

▲ HOW TO MAKE

보관

- 밀폐용기에 담아 실온 1일, 냉동 약 2주까지 보관 가능합니다.
- 냉동한 마카롱 꼬끄는 용기 뚜껑을 닫은 채로 냉장실에 잠시 두어서 해동했다가 실온으로 다시 옮겨서 사용하시면 됩니다.

스위스 머랭을 이용한 마카롱 꼬끄

▲ GO TO VIDEO

흰자에 설탕을 처음부터 한번에 다 넣고 따뜻하게 데운 다음 휘핑하는 방법으로, 비교적 쉬운 공정으로 안정적인 결과물을 얻을 수 있어 가정에서 사용하기 적합한 방법입니다. 스위스 머랭으로 만든 마카롱 꼬끄는 흰자를 가열하는 과정에서 수분이 날아가기 때문에 약간 단단하면서 질긴 듯한 쫀득함을 가지고 있습니다.

재료

지름 3.5cm 마카롱 꼬끄 40~44개 분량

흰자 74g, 설탕 68g, 슈가파우더 89g, 아몬드 가루 89g, 식용 색소 적당량

미리 준비하기

- 아몬드 가루와 슈가파우더는 잘 섞어서 체에 쳐 주세요.
- 팬에 유산지나 테프론 시트를 깔아 두세요.
- 오븐을 실제 굽는 온도보다 20~30도 높게 최소 20분 이상 충분히 예열해 주세요.

만드는 법

1 흰자에 설탕을 넣고 뜨거운 물 위에서 중탕해서 설탕이 전부 녹고, 온도가 45도가 될 때까지 거품기로 저어 가면서 가열해 주세요.

2 핸드믹서 중고속으로 계속 휘핑해서 단단하면서 끝이 부드러운 머랭을 만들어 주세요.

» 럭셀 핸드믹서 12단으로 3분 30초 정도 휘핑했어요.

3 색소를 넣고 핸드믹서의 제일 낮은 속도로 2분간 기공 정리를 해 주세요.

4 체 쳐둔 아몬드 가루와 슈가파우더를 넣고 주걱의 날 부분으로 가볍게 섞어 균일한 상태로 만들어 주세요.

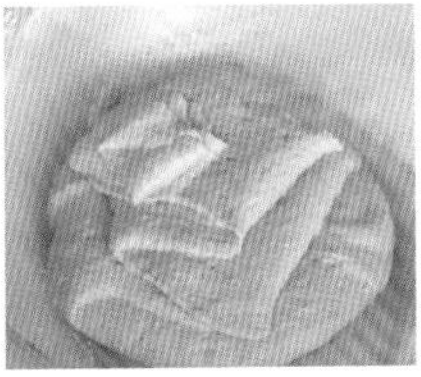

CHECK POINT. 5

5 볼 벽에 지긋이 누르듯이 반죽을 펼쳐서 반죽 안의 기포를 빼 주는 마카로나쥬 작업을 해 주세요.

» 반죽을 떨어뜨리고 10초 정도 두었을 때, 반죽이 스르르 퍼지면서 반죽 사이의 경계가 약간 흐릿해지는 상태가 적당합니다.

6 804호 깍지를 끼운 짤주머니에 반죽을 담아 지름 3.2~3.3cm 정도의 원형으로 파이핑해 주세요.

7 예열한 오븐에 150도에서 10분 정도 구워 주세요.

» 굽는 시간은 파이핑하는 크기에 따라 달라질 수 있습니다.

8 구워져 나온 마카롱 꼬끄는 완전히 식힌 후 뒤집어서 시트에서 떼어내 주세요.

2	5
6	8

▲ HOW TO MAKE

보관

- 밀폐용기에 담아 실온 1일, 냉동 약 2주까지 보관 가능합니다.
- 냉동한 마카롱 꼬끄는 용기 뚜껑을 닫은 채로 냉장실에 잠시 두어서 해동했다가 실온으로 다시 옮겨서 사용하시면 됩니다.

솔티 바닐라 마카롱

▲ GO TO VIDEO

유튜브에 두 번째로 업로드했던 레시피라 아직도 촬영하고 편집하던 때가 새록새록 기억나는 추억의 마카롱이에요. 바닐라 맛과 짠맛이 잘 어울린다는 걸 보여드리고 싶어서 기본 바닐라 맛에 플뢰르 드 셀이라는 프랑스산 천일염을 추가했는데, 소금 없이 만드시면 베이직한 기본 바닐라 마카롱으로 즐기실 수 있어요.

재료

마카롱 20~22개 분량

마카롱 꼬끄

p68~75의 세 가지 방법 중 원하는 방식을 이용해 꼬끄를 만드세요.

소금 바닐라 버터크림 필링

무염버터 90g, 우유 37g, 바닐라 빈 1/3개, 계란 노른자 30g, 백설탕 30g, 소금(플뢰르 드 셀) 세 꼬집

미리 준비하기

- 무염버터는 실온 상태로 준비하세요.
- 바닐라 빈은 길게 자른 후 칼등으로 안쪽의 씨앗을 긁어내 주세요.

만드는 법

1 계란 노른자에 백설탕과 바닐라 빈을 넣고 잘 섞어 주세요.

2 냄비에 우유와 플뢰르 드 셀을 넣고 냄비 가장자리가 끓을 정도로만 데워 주세요.

3 1 에 2 를 조금씩 넣어가며 계란이 익지 않도록 거품기로 잘 섞어 주세요.

4 3 을 다시 냄비에 모두 담고 주걱으로 저어 가며 84도까지 가열해 주세요.

» 적은 양이라 온도계로 체크하기 어려우므로 묽은 수프 정도의 되기가 되면 불에서 내려주세요.

5 완성된 크렘 앙글레즈는 체에 한 번 걸러서 30도까지 식혀 주세요.

6 실온 상태의 무염버터에 식힌 크렘 앙글레즈를 넣고, 핸드믹서로 크림 질감이 날 때까지 충분히 휘핑해 주세요.

7 완성된 소금 바닐라 버터크림을 803호 깍지를 끼운 짤주머니에 담아 마카롱 꼬끄 사이에 샌드해 주세요.

1	5
6	7

▲ HOW TO MAKE

보관

- 필링을 채운 마카롱은 밀폐용기에 담아 냉장고에서 12~24시간 정도 숙성 후 드시면 필링 쪽의 수분이 꼬끄 쪽으로 옮겨가면서 크림과 필링이 일체화 되어 더욱 맛있습니다.
- 냉장 2일, 냉동 약 2주까지 보관 가능합니다.

콘치즈 마카롱

▲ GO TO VIDEO

단맛이 없는 짭짤한 필링은 처음 만들어 봐서 어떻게 만들어야 콘치즈스러운 맛을 살릴 수 있을지 고민하며 만들었던 마카롱이에요. 볶은 옥수수와 치즈맛이 과하지 않으면서, 달콤한 꼬끄와도 잘 어울려요.

재료

마카롱 20~22개 분량

마카롱 꼬끄

p68~75의 세 가지 방법 중 원하는 방식을 이용해 꼬끄를 만드세요.

옥수수 소테

통조림 옥수수 75g, 마요네즈 15g, 소금 2g

옥수수 치즈크림 필링

크림치즈 90g, 슈가파우더 20g, 무염버터 67g, 옥수수 수프 가루 15g, 파마산 치즈 가루 12g

미리 준비하기

- 무염버터는 실온 상태로 준비하세요.
- 통조림 옥수수는 체에 받쳐 물기를 제거해 주세요.

만드는 법

옥수수 소테

1 물기 뺀 옥수수에 마요네즈와 소금을 넣고 버무려 주세요.

2 프라이팬을 달구고, 센 불에 3~4분 정도 볶아서 수분을 날려주세요.

| 1 | 2 |

▲ HOW TO MAKE

옥수수 치즈크림 필링

1 실온 상태의 크림치즈를 주걱으로 눌러서 덩어리를 잘 풀어 주세요.

2 실온 상태의 무염버터를 넣고 크림처럼 부피감이 생길 때까지 핸드믹서로 섞어 주세요.

3 슈가파우더를 넣고 골고루 섞어 주세요.

4 파마산 치즈 가루와 옥수수 수프 가루를 넣고 섞어 주세요.

5 완성된 크림을 803호 깍지를 끼운 짤주머니에 담은 후, 꼬끄 위에 도넛 모양으로 파이핑해 주세요.

6 가운데에 볶아서 식힌 옥수수를 올리고, 파슬리를 살짝 뿌린 후 뚜껑을 덮어 샌드해 주세요.

| 2 | 4 |
| 5 | 6 |

▲ HOW TO MAKE

보관

- 필링을 채운 마카롱은 밀폐용기에 담아 냉장고에서 6~12시간 정도 숙성 후 드시면 필링 쪽의 수분이 꼬끄 쪽으로 옮겨가면서 크림과 필링이 일체화 되어 더욱 맛있습니다.
- 냉장 1일, 냉동 약 2주까지 보관 가능하나, 크림치즈가 든 마카롱은 숙성이 빠르게 진행되므로 냉장 온도에서 오래 보관하면 꼬끄가 물러질 수 있으니 주의합니다.

요거트 마카롱

▲ GO TO VIDEO

상큼한 요거트 맛이 달콤한 꼬끄와 잘 어울리는 마카롱이에요. 요거트 파우더는 시중에 다양한 브랜드의 제품이 나와 있는데, 저는 개인적으로 투썸플레이스 제품을 즐겨 사용해요. 느끼하지 않고 새콤한 정도가 적당해서 제과에 잘 어울려요. 마카롱 가운데에 과일잼을 넣어 여러 가지 맛으로 응용해 보셔도 좋아요.

재료

마카롱 20~22개 분량

마카롱 꼬끄

p68~75의 세 가지 방법 중 원하는 방식을 이용해 꼬끄를 만드세요.

요거트 버터크림 필링

무염버터 120g, 요거트 파우더 70g, 생크림 70g

미리 준비하기

- 무염버터는 실온 상태로 준비하세요.

만드는 법

1 생크림에 요거트 파우더를 넣고, 파우더가 완전히 녹을 때까지 중탕이나 전자레인지를 이용해 데워 주세요.

» 이때 파우더가 완전히 녹지 않으면 완성된 크림에서 가루가 씹힐 수 있어요.

2 1 을 버터와 섞을 수 있게 30도 이하로 식혀 주세요.

3 실온 상태의 부드러운 버터에 1 을 넣고, 핸드믹서로 충분히 휘핑해 부드러운 크림 상태로 만들어 주세요.

4 완성된 요거트 크림을 804호 깍지를 끼운 짤주머니에 담아 짝을 맞춘 마카롱 꼬끄 사이에 샌드해 주세요.

1	3
3	4

▲ HOW TO MAKE

보관

- 필링을 채운 마카롱은 밀폐용기에 담아 냉장고에서 12~24시간 정도 숙성 후 드시면 필링 쪽의 수분이 꼬끄 쪽으로 옮겨가면서 크림과 필링이 일체화 되어 더욱 맛있습니다.
- 냉장 2일, 냉동 약 2주까지 보관 가능합니다.

패션후르츠 마카롱

▲ GO TO VIDEO

상큼한 것을 좋아하는 제 입맛에 딱 맛있었던 마카롱이에요. 패션후르츠 퓨레로 커드를 만들어 버터와 섞어서 크림을 만들어 주었는데, 라임, 레몬, 자몽, 파인애플 등 신맛이 강한 과일이라면 뭐든 다른 종류로 응용해서 만들어 보셔도 좋아요.

재료
마카롱 20~22개 분량

마카롱 꼬끄
p68~75의 세 가지 방법 중 원하는 방식을 이용해 꼬끄를 만드세요.

패션후르츠 잼
패션후르츠 퓨레 60g, 백설탕 60g

패션후르츠 크림 필링
계란 55g, 백설탕 41g, 패션후르츠 퓨레 62g, 전분 2g, 무염버터 70g

미리 준비하기

- 무염버터는 실온 상태로 준비하세요.

만드는 법

1 2

▲ HOW TO MAKE

패션후르츠 잼

1 냄비에 패션후르츠 퓨레와 분량의 백설탕을 담아 걸쭉한 농도가 날 때까지 3~4분 정도 저어 가면서 끓여 주세요.

2 마카롱에 샌드할 수 있게 실온 상태로 식혀 두세요.

패션후르츠 크림 필링

1 계란에 설탕을 넣고 거품기로 섞어 주세요.

2 옥수수 전분을 체 쳐서 넣고 덩어리 없이 거품기로 잘 섞어 주세요.

3 패션후르츠 퓨레를 냄비에 넣고 가장자리가 끓어오를 정도로 데워 주세요.

4 데운 퓨레를 2 에 조금씩 넣어가며 계란이 익지 않게 거품기로 잘 섞어 주세요.

5 4 를 다시 냄비에 모두 넣고 바닥이 익지 않도록 거품기로 저어 가며 묽은 수프처럼 걸쭉해질 때까지 끓여 주세요.

6 완성된 패션후르츠 커드는 뜨거울 때 체에 거른 후 30도 이하로 식혀 주세요.

7 식힌 커드에 부드러운 상태의 실온 버터를 넣고 부드러운 크림 질감이 될 때까지 충분히 휘핑해 주세요.

8 완성된 크림을 803호 깍지를 끼운 짤주머니에 담은 후, 꼬끄 위에 도넛 모양으로 파이핑해 주세요.

9 가운데에 패션후르츠 잼을 올리고, 뚜껑을 덮어 샌드해 주세요.

1	4
7	7
8	9

▲ HOW TO MAKE

보관

- 필링을 채운 마카롱은 밀폐용기에 담아 냉장고에서 6~12시간 정도 숙성 후 드시면 필링 쪽의 수분이 꼬끄 쪽으로 옮겨가면서 크림과 필링이 일체화 되어 더욱 맛있습니다.
- 냉장 2일, 냉동 약 2주까지 보관 가능합니다.

고구마 케이크 마카롱

▲ GO TO VIDEO

마치 고구마 케이크를 먹는 듯한 마카롱이에요. 크림에 찐 밤고구마 페이스트를 가득 넣어서 한입 먹으면 고구마 케이크를 먹는 듯한 꽉 찬 맛이 느껴져요. 고구마 크림을 뚱뚱하게 가득 샌드했지만 생각보다 많이 달지도 않고 느끼하지도 않아서 앉은 자리에서 여러 개 먹을 수 있는 그런 맛이랍니다.

재료

마카롱 20~22개 분량

마카롱 꼬끄

p68~75의 세 가지 방법 중 원하는 방식을 이용해 꼬끄를 만드세요.

고구마 크림 필링

계란 노른자 56g, 물 7g, 백설탕 48g, 무염버터 150g, 고구마 페이스트 180g, 제누와즈 자투리 약간

tip 뚱카롱 기준이라 필링 양이 많은 편이에요. 일반적인 마카롱을 만들고 싶으시면 모든 재료를 절반으로 줄여주세요.

미리 준비하기

- 무염버터는 실온 상태로 준비하세요.
- 밤고구마를 익힌 후 뜨거울 때 체에 곱게 걸러서 페이스트 상태로 만들어 두세요.
- 제누와즈는 체에 내려서 가루를 만들어 주세요.

만드는 법

1 노른자에 물과 설탕을 넣고 잘 섞어 주세요.

2 1 이 담긴 볼을 중탕물 위에 올려 거품기로 저어 가며 76도까지 온도를 높여 주세요.

» 계란을 살균하는 과정입니다. 익지 않도록 계속 거품기로 저어 가며 가열해 주세요.

3 불에서 내려 핸드믹서로 뽀얗게 휘핑하며 손으로 볼을 만져봤을 때 미지근할 때까지(30도 이하) 식혀 주세요.

4 실온에 두어 부드러운 상태의 버터에 3 을 두 번에 나눠 넣어가며 핸드믹서로 크림처럼 가볍고 부드러워질 때까지 휘핑해 주세요.

5 실온 상태의 고구마 페이스트를 넣고 핸드믹서로 섞어서 고구마 크림을 완성해 주세요.

6 20mm 원형 깍지를 낀 짤주머니에 크림을 담아 꼬끄 위에 통통하게 파이핑해 주세요.

» 크림을 짠 후 냉동실에 2~3분 굳힌 후 뚜껑을 닫아 샌드하면 더 안정적입니다.

7 샌드한 마카롱은 제누와즈를 체에 내린 가루에 옆면을 굴려 크럼을 묻혀 주세요.

2	5
6	7

▲ HOW TO MAKE

보관

- 필링을 채운 마카롱은 밀폐용기에 담아 냉장고에서 12~24시간 정도 숙성 후 드시면 필링 쪽의 수분이 꼬끄 쪽으로 옮겨가면서 크림과 필링이 일체화 되어 더욱 맛있습니다.
- 냉장 2일, 냉동 약 2주까지 보관 가능합니다.

흑임자 마카롱

▲ GO TO VIDEO

한입 베어 물면 검은깨의 고소함이 온몸을 감싸는 K-디저트 느낌의 마카롱이에요. 디저트에 흑임자를 사용하실 때에는 흑임자의 선택이 아주 중요한데요. 중국산과 국산 흑임자의 맛의 차이가 크니 반드시 국산 흑임자를 사용해 주세요. 훨씬 고소하고 잡맛 없이 깔끔하고 진한 풍미를 느끼실 수 있을 거예요.

재료

마카롱 20~22개 분량

마카롱 꼬끄

p68~75의 세 가지 방법 중 원하는 방식을 이용해 꼬끄를 만드세요.

흑임자 버터크림 필링

무염버터 100g, 계란 50g, 백설탕 40g, 흑임자 가루 45g

미리 준비하기

- 무염버터는 실온 상태로 준비하세요.

만드는 법

1 계란에 설탕을 넣고 잘 섞어 주세요.

2 1 이 담긴 볼을 중탕물 위에 올려 거품기로 저어 가며 76도까지 온도를 높여 주세요.

» 계란을 살균하는 과정입니다. 익지 않도록 계속 거품기로 저어 가며 가열해 주세요.

3 불에서 내려 핸드믹서로 뽀얗게 휘핑하며 손으로 볼을 만져봤을 때 미지근할 때까지(30도 이하) 식혀 주세요.

4 실온에 두어 부드러운 상태의 버터에 3 을 두 번에 나눠 넣어가며 핸드믹서로 크림처럼 가볍고 부드러워질 때까지 휘핑해 주세요.

5 흑임자 가루를 넣고 주걱으로 섞어 마무리해 주세요.

6 완성된 크림은 804호 깍지를 끼운 짤주머니에 담아 마카롱 사이에 샌드해 주세요.

4	5
5	6

▲ HOW TO MAKE

보관

- 필링을 채운 마카롱은 밀폐용기에 담아 냉장고에서 12~24시간 정도 숙성 후 드시면 필링 쪽의 수분이 꼬끄 쪽으로 옮겨가면서 크림과 필링이 일체화 되어 더욱 맛있습니다.
- 냉장 2일, 냉동 약 2주까지 보관 가능합니다.

마스카포네 티라미수 마카롱

진한 티라미수 케이크의 맛을 그대로 담고 있는 마카롱이에요. 노른자의 진한 맛과 마스카포네의 우유 풍미, 그리고 커피 가나슈의 커피맛과 코코아 파우더까지 티라미수 그 자체라고 해도 과언이 아닌 맛있는 마카롱입니다.

▲ GO TO VIDEO

재료
마카롱 20~22개 분량

마카롱 꼬끄
p68~75의 세 가지 방법 중 원하는 방식을 이용해 꼬끄를 만드세요.

티라미수 필링
계란 노른자 35g, 백설탕 24g, 마스카포네 치즈 85g, 무염버터 60g

커피 가나슈
다크 커버춰 초콜릿 60g, 생크림 30g, 인스턴트 커피 파우더 3g

미리 준비하기

- 무염버터는 실온 상태로 준비하세요.
- 마스카포네 치즈는 차가운 상태로 준비하세요.

만드는 법

티라미수 필링

1 노른자에 설탕을 넣고 거품기로 잘 섞어 주세요.

2 1 이 담긴 볼을 중탕물 위에 올려 거품기로 저어 가며 76도까지 온도를 높여 주세요.

» 계란을 살균하는 과정입니다. 익지 않도록 계속 거품기로 저어 가며 가열해 주세요.

3 불에서 내려 핸드믹서로 뽀얗게 휘핑하며 손으로 볼을 만져봤을 때 미지근할 때까지(30도 이하) 식혀 주세요.

4 차가운 마스카포네 치즈를 두 번에 나눠 넣고 거품기로 덩어리 없이 잘 섞어 주세요.

» 마스카포네는 잘 분리되기 때문에 실온보다는 항상 냉장고에서 바로 꺼내 사용하시는 것이 좋습니다.

5 실온 상태의 말랑한 버터를 넣고 핸드믹서로 크림 질감이 될 때까지 충분히 휘핑해 주세요.

6 완성된 크림은 803호 깍지를 끼운 짤주머니에 담아 꼬끄 위에 도넛 모양으로 파이핑해 주세요.

1	4
5	6

▲ HOW TO MAKE

커피 가나슈

1 생크림에 인스턴트 커피 파우더를 넣고, 가장자리가 끓어오를 정도로 데워 주세요.

2 1 에 다크 커버춰 초콜릿을 넣고 녹을 때까지 3분 정도 기다리세요.

3 초콜릿이 생크림의 열기에 의해 완전히 녹으면, 가운데부터 조심스럽게 저어서 가나슈를 만들어 주세요.

4 짤 수 있는 텍스처가 될 때까지 실온에서 충분히 굳힌 다음, 짤주머니에 담아서 꼬끄 가운데에 파이핑해 주세요.

5 뚜껑을 덮어서 샌드하고, 겉면에 여분의 코코아 파우더를 묻혀서 마무리하세요.

1	3
4	5

▲ HOW TO MAKE

보관

- 필링을 채운 마카롱은 밀폐용기에 담아 냉장고에서 6~12시간 정도 숙성 후 드시면 필링 쪽의 수분이 꼬끄 쪽으로 옮겨가면서 크림과 필링이 일체화 되어 더욱 맛있습니다.
- 냉장 1일, 냉동 약 2주까지 보관 가능하며, 마스카포네 치즈가 든 마카롱은 숙성이 빠르게 진행되므로 냉장 온도에서 오래 보관하면 꼬끄가 물러질 수 있으니 주의합니다.

○ ○ ○

레드벨벳 마카롱

▲ GO TO VIDEO

코코아 맛의 진한 빨간색 꼬끄 안에 뽀얀 크림치즈 필링이 가득 든 귀여운 마카롱이에요. 이렇게 크림치즈가 크림의 베이스가 되는 마카롱을 만드실 때는 냉장고에 너무 오랫동안 보관하면 크림치즈 쪽의 수분이 꼬끄 쪽으로 옮겨가서 꼬끄가 너무 부드러워질 수 있어요. 어느 정도 숙성이 진행되어 쫀득한 식감이 되면 바로 냉동실로 옮겨서 보관해 주시는 것이 좋답니다.

재료

마카롱 20~22개 분량

마카롱 꼬끄

p68~75의 세 가지 방법 중 원하는 방식을 이용해 꼬끄를 만드세요.

크림치즈 필링

크림치즈 250g, 슈가파우더 50g, 무염버터 170g

tip 뚱카롱 기준이라 필링 양이 많은 편이에요. 일반적인 마카롱을 만들고 싶으시면 모든 재료를 절반으로 줄여주세요.

미리 준비하기

- 무염버터는 실온 상태로 준비하세요.

만드는 법

1 실온 상태의 부드러운 크림치즈를 볼에 넣고 주걱으로 개어서 덩어리 없이 풀어 주세요.

2 슈가파우더를 넣고 주걱으로 잘 어우러지도록 섞어 주세요.

3 실온 상태의 부드러운 버터를 넣고 가벼운 크림 질감이 될 때까지 핸드믹서로 휘핑하세요.

4 지름 20mm 깍지를 끼운 짤주머니에 완성된 크림을 담아 두툼하고 높은 모양으로 짜 주고 뚜껑을 덮어 샌드해 주세요.

2	3
4	4

▲ HOW TO MAKE

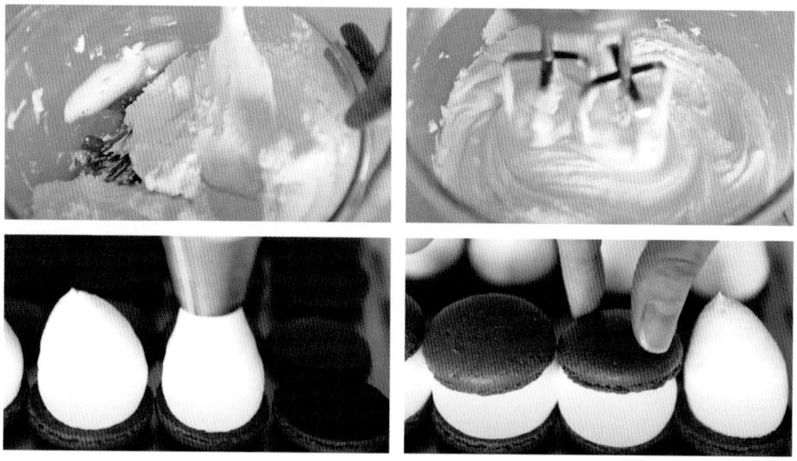

보관

- 필링을 채운 마카롱은 밀폐용기에 담아 냉장고에서 6~12시간 정도 숙성 후 드시면 필링 쪽의 수분이 꼬끄 쪽으로 옮겨가면서 크림과 필링이 일체화 되어 더욱 맛있습니다.
- 냉장 1일, 냉동 약 2주까지 보관 가능하나, 크림치즈가 든 마카롱은 숙성이 빠르게 진행되므로 냉장 온도에서 오래 보관하면 꼬끄가 물러질 수 있으니 주의합니다.

진한 딸기 마카롱

▲ GO TO VIDEO

발로나 사의 초콜릿 '인스피레이션 딸기'를 사용해 만들어 본 가나슈 필링의 마카롱이에요. 가장 좋아하는 과일인 딸기를 이용해 진짜 딸기맛이 많이 나는 마카롱을 만들기 위해 딸기 초콜릿에 딸기 퓨레를 더해 진하디 진한 딸기 그 자체의 맛을 내보았어요.

재료

마카롱 20~22개 분량

마카롱 꼬끄

p68~75의 세 가지 방법 중 원하는 방식을 이용해 꼬끄를 만드세요.

딸기 가나슈 필링

발로나 인스피레이션 딸기 140g, 딸기 퓨레 70g, 물엿 20g

미리 준비하기

- 무염버터는 실온 상태로 준비하세요.

만드는 법

1 분량의 딸기 초콜릿을 전자레인지나 중탕을 이용해 완전히 녹여 주세요.

» 이때 온도는 40도 정도입니다.

2 1에 40~50도로 따뜻하게 데운 딸기 퓨레와 물엿을 넣고, 핸드블렌더로 유화시켜 가나슈를 만들어 주세요.

» 거품기나 주걱으로도 유화가 가능하지만, 생크림이 아니라 유지방이 없는 딸기 퓨레를 초콜릿과 섞어야 하기 때문에 핸드블렌더로 만드시면 더 좋은 텍스처의 결과물을 얻을 수 있습니다.

3 공기와 닿지 않도록 표면을 랩으로 밀착한 후, 짜기 좋은 질감이 될 때까지 냉장고에서 1~2시간 굳히거나 서늘한 실온에서 하룻밤 굳혀 주세요.

» 서늘한 곳에 두어 천천히 굳히면 깍지로 짜기 좋은 상태로 안정적으로 굳어서 작업성이 더 좋아요.

4 완성된 가나슈를 804호 깍지를 끼운 짤주머니에 담은 후, 꼬끄 위에 파이핑해서 샌드해 주세요.

2	3
4	4

▲ HOW TO MAKE

보관

- 필링을 채운 마카롱은 밀폐용기에 담아 냉장고에서 6~12시간 정도 숙성 후 드시면 필링 쪽의 수분이 꼬끄 쪽으로 옮겨가면서 크림과 필링이 일체화 되어 더욱 맛있습니다.
- 냉장 1일, 냉동 약 2주까지 보관 가능합니다.

레몬 다쿠아즈

▲ GO TO VIDEO

가볍고 폭신한 다쿠아즈 쉘에 상큼한 레몬 크림을 샌드해 여름에 잘 어울리는 청량한 다쿠아즈예요. 워낙 레몬 플레이버를 좋아하긴 하지만, 다른 제과류 보다 이 폭신폭신한 다쿠아즈 시트는 레몬맛과 정말 잘 어울리는 것 같아요. 맛있는 레몬커드는 기본 레시피라 타르트 등 다른 곳에 활용하기에도 좋아요.

재료

다쿠아즈 샌드 8개 분량

다쿠아즈

계란 흰자 112g, 백설탕 42g, 아몬드 가루 88g, 슈가파우더 88g, 박력분 15g, 윗면에 뿌릴 슈가파우더 적당량

레몬커드

계란 55g, 백설탕 41g, 레몬즙 50g, 레몬 제스트 2g, 판젤라틴 1g

레몬 크림

레몬커드 70g, 무염버터 70g

미리 준비하기

- 흰자는 차가운 상태로 준비해 두세요.
- 아몬드 가루, 슈가파우더, 박력분은 잘 섞어서 체 쳐 두세요.
- 레몬 크림을 만들 무염버터는 실온 상태로 준비해 두세요.
- 레몬은 깨끗이 씻어서 껍질 부분을 제스터로 갈아 제스트를 만들고, 알맹이는 즙을 내주세요.

- 판젤라틴은 얼음물에 최소 10분 이상 불려 두세요.
- 오븐을 실제 굽는 온도보다 20~30도 높게 최소 20분 이상 충분히 예열해 주세요.

만드는 법

다쿠아즈

1 차가운 흰자에 설탕을 두 번에 나눠 넣어가며 휘핑해 끝이 뾰족뾰족한 100%의 단단한 머랭을 만드세요.

2 체 친 아몬드 가루, 슈가파우더, 박력분을 넣고 주걱으로 거품이 꺼지지 않게 가볍게 섞어 주세요.

» 이 단계에서 너무 과도하게 섞으면 다쿠아즈 윗면에 크랙이 생기면서 퍼지고, 머랭과 가루가 덜 섞여도 구워지면서 옆으로 퍼져요. 모든 재료가 균일하게 섞이고, 표면에 윤기가 흐르며 반죽이 형태를 그대로 유지하는 상태까지 섞어 주세요.

3 완성된 반죽을 원형 깍지(805호)를 낀 짤주머니에 담아 다쿠아즈 틀 안에 도톰하게 파이핑해 주세요.

» 지그재그로 파이핑해 무늬를 내거나, 표면을 스크래퍼로 정리해 평평하게 만들어도 됩니다.

4 다쿠아즈 틀을 살며시 들어 올려 제거해 주세요.

5 가는 체로 슈가파우더를 표면에 한 겹 뿌리고, 반죽에 거의 다 스며들면 다시 한 번 더 뿌려 주세요.

6 예열한 오븐에 170도에서 14분 동안 구워 주세요.

7 구워져 나온 다쿠아즈는 완전히 식힌 후 짝을 맞춰 준비해 주세요.

1	2
3	5

▲ HOW TO MAKE

레몬커드

1 계란을 볼에 담아 거품기로 풀어 주세요.

2 1 에 백설탕을 넣고 거품기로 가볍게 섞어 주세요.

3 분량의 레몬즙을 냄비에 넣고, 가장자리가 살짝 끓어오를 정도로 데워 주세요.

4 데운 레몬즙을 2 에 조금씩 넣어가며 계란이 익지 않도록 거품기로 잘 섞어 주세요.

5 4 를 다시 냄비에 넣고, 바닥이 익지 않도록 주걱으로 잘 저어 가며 묽은 수프 농도가 될 때까지 약불로 가열해 주세요.

6 5 를 체에 한 번 거르고, 물에 불려둔 판젤라틴과 레몬 제스트를 넣고 섞어 주세요.

» 판젤라틴은 키친타올을 이용해 물기를 완전히 제거한 후 넣어 주세요.

7 얼음물 위에 레몬커드가 담긴 볼을 올려놓고, 주걱으로 저어 가면서 30도 이하로 식혀 주세요.

8 완성된 레몬커드는 레몬 크림에 넣을 70g을 따로 덜어두고, 남은 양은 짤주머니에 담아 주세요.

2	5
6	7

▲ HOW TO MAKE

레몬 크림

1 실온 상태의 부드러운 무염버터를 가볍게 풀어 주세요.

2 만들어 식힌 레몬커드 중 70g을 1 에 조금씩 나눠 넣어가며 휘핑해 부드러운 크림 상태로 만들어 주세요.

3 완성된 크림을 8발 별깍지를 끼운 짤주머니에 담아 다쿠아즈 위에 둥글게 파이핑하고, 가운데 빈 공간에는 레몬커드를 짜서 샌드해 주세요.

1	2
3	3

▲ HOW TO MAKE

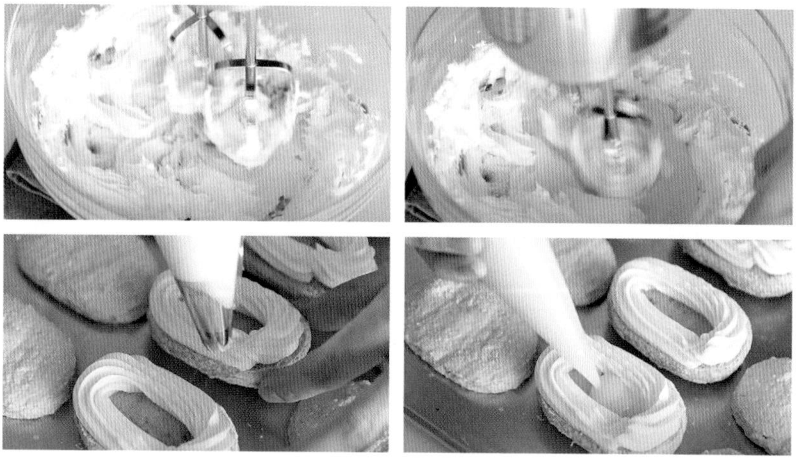

보관

- 밀폐용기에 담아 냉장 2일, 냉동 약 2~3주까지 보관 가능합니다.

캐러멜 다쿠아즈

▲ GO TO VIDEO

앞서 알려드렸던 기본 캐러멜 소스가 있다면 버터를 섞어 정말 간단하게 만들 수 있는 다쿠아즈예요. 캐러멜 크림 윗면에 굵은 입자의 소금을 조금씩 뿌려 캐러멜과 잘 어울리는 짭짤한 맛을 더해 주었어요. 이 크림은 마카롱 꼬끄와도 무척 잘 어울려서 마카롱 필링으로도 응용해 보시면 좋아요.

재료

다쿠아즈 샌드 8개 분량

다쿠아즈

계란 흰자 112g, 백설탕 42g, 아몬드 가루 88g, 슈가파우더 88g, 박력분 15g, 윗면에 뿌릴 슈가파우더 적당량

tip 캐러멜 소스 참고 p102

캐러멜 버터크림

캐러멜 소스 90g, 무염버터 90g, 소금 적당량, 윗면에 뿌릴 캐러멜 소스 적당량

미리 준비하기

- 흰자는 차가운 상태로 준비해 두세요.
- 아몬드 가루, 슈가파우더, 박력분은 잘 섞어서 체 쳐 두세요.
- 캐러멜 버터크림을 만들 무염버터는 실온 상태로 준비해 두세요.
- 오븐을 실제 굽는 온도보다 20~30도 높게 최소 20분 이상 충분히 예열해 주세요.

▲ 캐러멜 소스

캐러멜 소스 만들기

1 냄비에 백설탕을 넣고 젓지 않고 약불로 가열해서 설탕을 골고루 녹여 주세요.

2 생크림을 뜨거운 상태로 1 에 넣을 수 있게 용기에 담아 데워서 준비해 두세요.

3 1 이 캐러멜화 되어 전체적으로 짙은 갈색이 나면 뜨거운 생크림을 조금씩 넣으면서 주걱으로 섞어 주세요.

4 캐러멜 소스가 70도 정도까지 식으면 무염버터를 넣고 골고루 잘 섞어 주세요.

5 캐러멜 소스 표면에 막이 생기지 않도록 랩을 씌운 후, 실온 상태까지 식혀서 사용하세요.

만드는 법

다쿠아즈

1 차가운 흰자에 설탕을 두 번에 나눠 넣어가며 휘핑해 끝이 뾰족뾰족한 100%의 단단한 머랭을 만드세요.

2 체 친 아몬드 가루, 슈가파우더, 박력분을 넣고 주걱으로 거품이 꺼지지 않게 가볍게 섞어 주세요.

» 이 단계에서 너무 과도하게 섞으면 다쿠아즈 윗면에 크랙이 생기면서 퍼지고, 머랭과 가루가 덜 섞여도 구워지면서 옆으로 퍼져요. 모든 재료가 균일하게 섞이고, 표면에 윤기가 흐르며 반죽이 형태를 그대로 유지하는 상태까지 섞어 주세요.

3 완성된 반죽을 짤주머니에 담아 다쿠아즈 틀의 왼쪽부터 2/3씩 도톰하게 채워 주세요.

4 스크래퍼나 L자 스패출러를 이용해 표면을 평평하게 정리한 후, 다쿠아즈 틀을 살며시 들어 올려 제거해 주세요.

5 가는 체로 슈가파우더를 표면에 한 겹 뿌리고, 반죽에 거의 다 스며들면 다시 한 번 더 뿌려 주세요.

6 예열한 오븐에 170도에서 13분 동안 구워 주세요.

7 구워져 나온 다쿠아즈는 완전히 식힌 후 짝을 맞춰 준비해 두세요.

1	3

▲ HOW TO MAKE

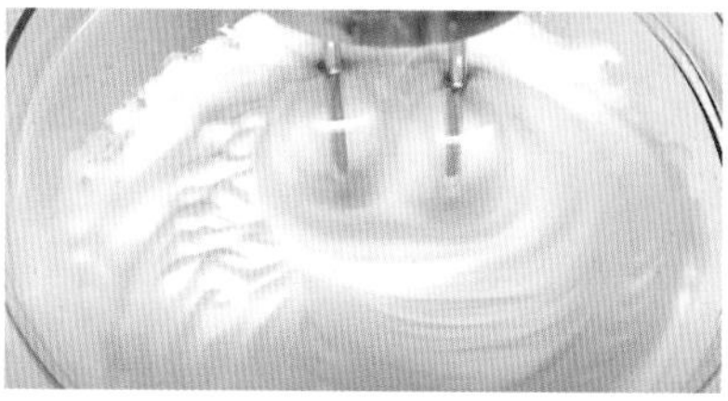

4 5

▲ HOW TO MAKE

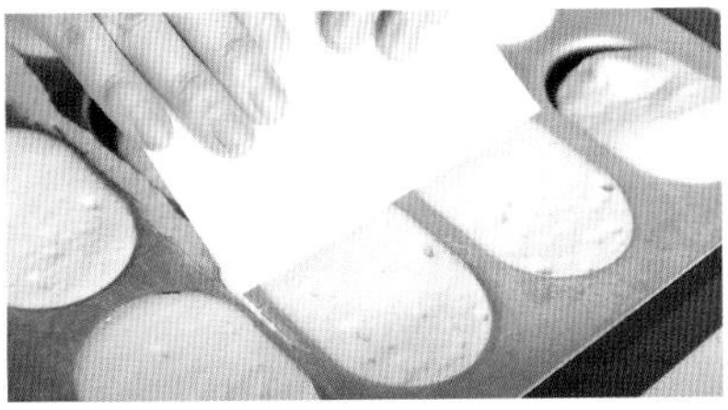

캐러멜 버터크림

1 실온 상태의 부드러운 버터를 핸드믹서로 가볍게 풀어 주세요.

2 실온 상태의 캐러멜 소스 90g을 버터 쪽에 넣고, 크림처럼 부드러운 상태가 될 때까지 휘핑해서 캐러멜 버터크림을 만들어 주세요.

3 완성된 크림을 8발 별깍지를 끼운 짤주머니에 담아 다쿠아즈 위에 둥글게 파이핑하고, 윗면에 남은 캐러멜 소스를 뿌려 주세요.

4 윗면에 소금을 솔솔 뿌려주고, 뚜껑을 덮어 샌드해 주세요.

» 이때 사용하는 소금은 입자가 굵고 정제되지 않은 천일염 종류가 좋아요. 저는 프랑스 게랑드 지방의 천일염인 플뢰르 드 셀을 사용했습니다.

2 3
3 4

▲ HOW TO MAKE

보관

- 밀폐용기에 담아 냉장 2일, 냉동 약 2~3주까지 보관 가능합니다.

헤이즐넛 프랄리네 다쿠아즈

▲ GO TO VIDEO

반죽에도, 필링에도 헤이즐넛이 들어가 정말 고급스러운 맛이 나는 다쿠아즈예요. 직접 만든 헤이즐넛 프랄리네가 워낙 맛있기 때문에, 프랄리네를 버터와 간단히 섞기만 해도 아주 진하고 고소한 맛의 크림이 완성돼요. 헤이즐넛을 좋아하신다면 꼭 만들어 보셔야 하는 다쿠아즈예요.

재료

다쿠아즈 샌드 8개 분량

헤이즐넛 다쿠아즈

계란 흰자 112g, 백설탕 42g, 아몬드 가루 44g, 헤이즐넛 파우더 44g, 슈가파우더 88g, 박력분 15g, 윗면에 뿌릴 슈가파우더 적당량

헤이즐넛 프랄리네

헤이즐넛 120g, 백설탕 43g, 물 12g, 소금 2g

헤이즐넛 버터크림

헤이즐넛 프랄리네 60g, 무염버터 120g, 연유 15g

미리 준비하기

- 흰자는 차가운 상태로 준비해 두세요.
- 아몬드 가루, 헤이즐넛 파우더, 슈가파우더, 박력분은 잘 섞어서 체 쳐 두세요.
- 프랄리네를 만들 헤이즐넛은 160도에서 10분 동안 심지가 갈색이 될 때까지 구워 주세요.
- 헤이즐넛 버터크림을 만들 무염버터는 실온 상태로 준비해 두세요.
- 오븐을 실제 굽는 온도보다 20~30도 높게 최소 20분 이상 충분히 예열해 주세요.

만드는 법

헤이즐넛 다쿠아즈

1 차가운 흰자에 설탕을 두 번에 나눠 넣어가며 휘핑해 끝이 뾰족뾰족한 100%의 단단한 머랭을 만드세요.

2 체 친 아몬드 가루, 헤이즐넛 파우더, 슈가파우더, 박력분을 넣고 주걱으로 거품이 꺼지지 않게 가볍게 섞어 주세요.

» 이 단계에서 너무 과도하게 섞으면 다쿠아즈 윗면에 크랙이 생기면서 퍼지고, 머랭과 가루가 덜 섞여도 구워지면서 옆으로 퍼져요. 모든 재료가 균일하게 섞이고, 표면에 윤기가 흐르며 반죽이 형태를 그대로 유지하는 상태까지 섞어 주세요.

3 완성된 반죽을 짤주머니에 담아 다쿠아즈 틀의 왼쪽부터 2/3씩 도톰하게 채워 주세요.

4 스크래퍼나 L자 스패출러를 이용해 표면을 평평하게 정리한 후, 다쿠아즈 틀을 살며시 들어 올려 제거해 주세요.

5 가는 체로 슈가파우더를 표면에 한 겹 뿌리고, 반죽에 거의 다 스며들면 다시 한 번 더 뿌려 주세요.

6 예열한 오븐에 170도에서 13분 동안 구워 주세요.

7 구워져 나온 다쿠아즈는 완전히 식힌 후 짝을 맞춰 준비해 두세요.

1	3
4	5

▲ HOW TO MAKE

헤이즐넛 프랄리네

1 냄비에 물, 백설탕을 넣고 약불로 가열해 주세요.

2 물이 끓고 설탕이 모두 녹으면 헤이즐넛을 넣고 주걱으로 계속 저어 주세요.

3 수분이 모두 날아가서 헤이즐넛 표면에 하얀 설탕 결정이 생겼다가, 설탕 결정이 다시 녹아서 캐러멜화 될 때까지 계속해서 잘 저어 주세요.

4 설탕이 덜 녹은 부분 없이 전체적으로 캐러멜색이 되면 불에서 내려 테프론 시트나 종이호일 위에 덜어서 식혀 주세요.

5 토핑용으로 남겨둘 헤이즐넛 12알을 따로 덜어 두고, 나머지는 푸드프로세서에 넣어 주세요.

6 헤이즐넛에서 기름이 나와 흐르는 상태가 될 때까지 푸드프로세서에 갈아 주세요.

2	4
5	6

▲ HOW TO MAKE

헤이즐넛 버터크림

1 실온 상태의 부드러운 무염버터를 핸드믹서로 가볍게 풀어 주세요.

2 1 에 실온 상태의 연유와 헤이즐넛 프랄리네를 넣고 부드러운 크림 질감이 될 때까지 휘핑해 주세요.

3 완성된 크림을 원형 깍지(804호)를 끼운 짤주머니에 담아 다쿠아즈 한쪽 면 위에 파이핑하세요.

4 중앙에 토핑용으로 남겨둔 헤이즐넛을 반 잘라서 3개씩 올리고, 뚜껑을 덮어 샌드하세요.

1 2
3 4

▲ HOW TO MAKE

보관

- 밀폐용기에 담아 냉장 2일, 냉동 약 2~3주까지 보관 가능합니다.

04 MADELEINE & FINANCIER 마들렌과 휘낭시에

레몬 글레이즈드 마들렌
초코 마들렌
말차 화이트초코 마들렌
쑥 캐러멜 마들렌
캐러멜 로투스 마들렌
플레인 휘낭시에
초코 휘낭시에
고르곤졸라 휘낭시에
솔티 캐러멜 휘낭시에
시나몬 츄러스 휘낭시에

레몬 글레이즈드 마들렌

▲ GO TO VIDEO

촉촉하고 보송보송해서 다른 맛으로도 응용하기 좋은 마들렌이에요. 글레이즈를 입히지 않아도 마들렌 반죽 자체의 맛이 훌륭해서 기본 마들렌으로 손색없는 베이직한 레시피입니다. 라임, 천혜향 등 다른 시트러스류 과일로 응용해 보셔도 좋아요.

재료

12개 분량

레몬 마들렌

무염버터 85g, 계란 77g, 백설탕 67g, 꿀 12g, 소금 1g, 박력분 62g, 아몬드 가루 15g, 베이킹파우더 3g, 바닐라 익스트랙 2g, 레몬 제스트 1개 분량

레몬 글레이즈

슈가파우더 70g, 레몬즙 12g, 물 5g

미리 준비하기

- 모든 재료는 실온 상태로 준비하세요.
- 박력분, 아몬드 가루, 베이킹파우더는 잘 섞어서 체에 쳐 주세요.
- 무염버터는 전자레인지나 중탕으로 완전히 녹여 주세요.
- 레몬은 깨끗이 씻어서 껍질 부분을 제스터로 갈아 제스트를 만들고, 알맹이는 즙을 내주세요.
- 반죽에 들어갈 백설탕과 레몬 제스트를 미리 버무려 두면 레몬 향이 설탕에 배어 더 향긋한 마들렌을 만들 수 있어요.

- 틀에 실온 상태의 부드러운 버터를 붓으로 얇게 바른 후, 그 위에 강력분을 뿌리고 털어내서 버터 층 위에 가루를 얇게 입힌 후 냉장고에 넣어 두세요.
- 오븐을 실제 굽는 온도보다 20~30도 높게 최소 20분 이상 충분히 예열해 주세요.

만드는 법

레몬 마들렌

1 볼에 계란을 담아 거품기로 가볍게 풀어 주세요.

2 1 에 백설탕과 레몬 제스트, 꿀, 바닐라 익스트랙을 넣고 거품기로 섞어 주세요.

» 표면에 잔거품이 약간 끼고, 설탕이 거의 다 녹은 상태면 됩니다.

3 2 에 체에 쳐 둔 박력분과 아몬드 가루, 베이킹파우더를 넣고 가루가 보이지 않을 때까지 섞어 주세요.

4 거품기로 반죽을 30~40회 정도 더 저어 약간의 글루텐을 만들어 주세요.

» 밀가루와 수분이 만나면 생성되는 그물 모양의 글루텐은 반죽의 골격 역할을 해요. 마들렌의 경우 반죽에 약간의 글루텐이 생기면 오븐 안에서 부풀어 오른 반죽을 지탱해 주어 큰 배꼽이 생길 수 있도록 해 줍니다.

5 40~60도의 따뜻한 녹인 버터를 넣고 거품기로 버터가 겉돌지 않고 반죽과 완전히 섞일 때까지 섞어서 반죽을 완성해 주세요.

» 버터의 온도가 너무 높으면 계란이 익을 수 있고, 너무 낮으면 반죽을 섞다가 버터가 굳어 버려요. 온도를 정확히 맞춰서 반죽에 넣어 주세요.

6 볼에 랩을 덮어 1시간 동안 냉장고에서 반죽을 휴지해 주세요.

» 반죽을 휴지하면 반죽에 점성이 생겨 오븐 안에서 퍼지지 않고 통통하게 잘 부풀고, 밀가루와 다른 재료들이 잘 어우러져 마들렌의 풍미가 좋아집니다. 너무 오랫동안 반죽을 휴지하면 베이킹파우더가 제 기능을 잃어버리므로 최대 이틀 정도까지만 휴지하는 것이 좋습니다.

CHECK POINT. 8

7 휴지한 반죽을 주걱으로 골고루 섞은 후 짤주머니에 담아 틀에 90%씩 채워 주세요.

8 예열한 오븐에 200도에서 4분 동안 구운 후 온도를 낮춰 180도에서 4분 더 구워 주세요.

» 구워져 나온 마들렌은 뜨거울 때 팬에서 살짝 들어 올려 분리하고, 비스듬히 세워서 완전히 식혀 주세요.

2	3
4	5
6	7

▲ HOW TO MAKE

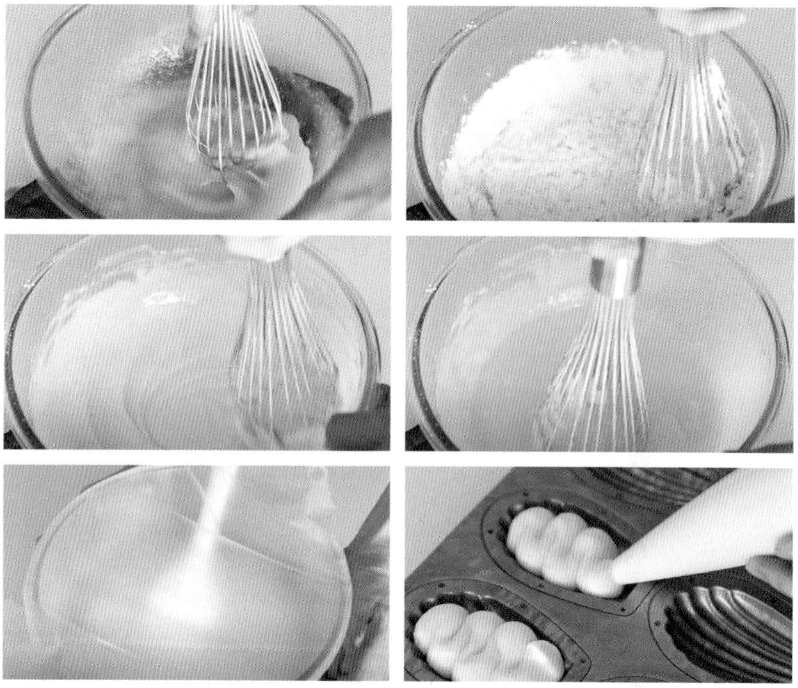

레몬 글레이즈

1 분량의 레몬즙과 슈가파우더를 섞은 후, 물을 조금씩 넣어가면서 되기를 조절해 주세요.

2 한 김 식힌 마들렌 앞면에 글레이즈를 붓으로 바르고, 130도에서 1분 정도 구워서 글레이즈를 굳혀 주세요.

» 글레이즈는 실온에 두면 시간이 지나면서 자연스럽게 건조되므로 시간 여유가 있다면 굳이 오븐에 굽지 않아도 됩니다.

» 만약 글레이즈가 너무 두껍게 입혀진다면 물을 약간 추가하고, 너무 얇아 마들렌 표면에 남지 않고 흡수된다면 슈가파우더를 추가해 되기를 조절하면 됩니다.

1 2

▲ HOW TO MAKE

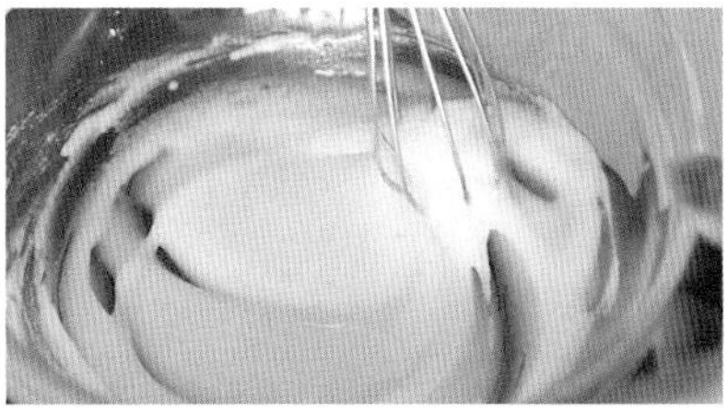

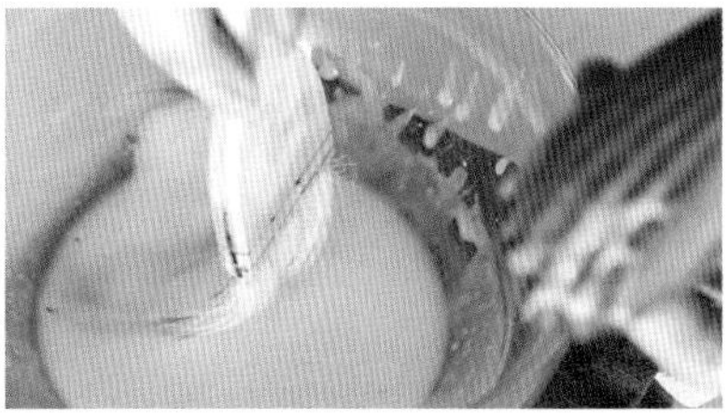

보관

- 완전히 식힌 후 밀폐용기에 담거나 개별 포장하여 실온 3~4일, 냉동 2~3주 정도 보관 가능합니다.
- 구운 첫 날은 겉이 바삭한 식감으로 드실 수 있고, 시간이 지남에 따라 수분이 골고루 퍼지면서 겉과 속이 모두 촉촉한 식감이 됩니다.

초코 마들렌

▲ GO TO VIDEO

반죽에 코코아 파우더가 아닌 다크 초콜릿을 녹여 넣어 더욱 진하고 촉촉한 식감을 가지고 있는 마들렌이에요. 다크 초콜릿은 카카오 고형분 함량이 50%부터 70% 이상인 것까지 다양한 제품이 시중에 유통되는데, 카카오 고형분 퍼센테이지가 높을수록 진하고 씁쓸한 맛을 가지고 있기 때문에 단맛을 눌러 주면서 초콜릿 맛을 배가시키는 효과가 있어요.

재료

12개 분량

초코 마들렌

무염버터 85g, 전란 77g, 황설탕 63g, 물엿 10g, 박력분 50g, 아몬드 가루 12g, 코코아 파우더 12g, 베이킹파우더 2.5g, 소금 1g, 다크 커버춰 25g(카카오 고형분 70%)

다크 초콜릿 코팅

다크 커버춰 200g(카카오 고형분 70%)

미리 준비하기

- 모든 재료는 실온 상태로 준비하세요.
- 박력분, 아몬드 가루, 코코아 파우더, 베이킹파우더는 잘 섞어서 체에 쳐 주세요.
- 마들렌 반죽에 들어갈 무염버터와 다크 커버춰 초콜릿은 함께 전자레인지나 중탕으로 완전히 녹여 주세요.
- 틀에 실온 상태의 부드러운 버터를 붓으로 얇게 바른 후, 그 위에 강력분을 뿌리고 털어내서 버터 층 위에 가루를 얇게 입힌 후 냉장고에 넣어 두세요.

- 코팅용 다크 커버춰 초콜릿 200g 중 70%는 그대로 두고, 30% 정도는 칼로 잘게 다져 주세요.
- 오븐을 실제 굽는 온도보다 20~30도 높게 최소 20분 이상 충분히 예열해 주세요.

만드는 법

초코 마들렌

1 볼에 계란을 담아 거품기로 가볍게 풀어 주세요.

2 1 에 황설탕과 물엿을 넣고 거품기로 섞어 주세요.

» 표면에 잔거품이 약간 끼고, 설탕이 거의 다 녹은 상태면 됩니다.

3 2 에 체에 쳐 둔 박력분과 아몬드 가루, 코코아 파우더, 베이킹파우더를 넣고 가루가 보이지 않을 때까지 섞어 주세요.

4 거품기로 반죽을 30~40회 정도 더 저어 약간의 글루텐을 만들어 주세요.

» 밀가루와 수분이 만나면 생성되는 그물 모양의 글루텐은 반죽의 골격 역할을 해요. 마들렌의 경우 반죽에 약간의 글루텐이 생기면 오븐 안에서 부풀어 오른 반죽을 지탱해 주어 큰 배꼽이 생길 수 있도록 해 줍니다.

5 미리 녹여둔 버터와 다크 초콜릿 혼합물의 온도를 40~60도로 맞춘 후, 거품기로 버터가 겉돌지 않고 반죽과 완전히 섞일 때까지 섞어서 반죽을 완성해 주세요.

» 버터의 온도가 너무 높으면 계란이 익을 수 있고, 너무 낮으면 반죽을 섞다가 버터가 굳어 버려요. 온도를 정확히 맞춰서 반죽에 넣어 주세요.

6 볼에 랩을 덮어 1시간 동안 냉장고에서 반죽을 휴지해 주세요.

» 반죽을 휴지하면 반죽에 점성이 생겨 오븐 안에서 퍼지지 않고 통통하게 잘 부풀고, 밀가루와 다른 재료들이 잘 어우러져 마들렌의 풍미가 좋아집니다. 너무 오랫동안 반죽을 휴지하면 베이킹파우더가 제 기능을 잃어버리므로 최대 이틀 정도까지만 휴지하는 것이 좋습니다.

CHECK POINT. 8

7 휴지한 반죽을 주걱으로 골고루 섞은 후 짤주머니에 담아 틀에 90%씩 채워 주세요.

8 예열한 오븐에 200도에서 4분 동안 구운 후 온도를 낮춰 180도에서 4분 더 구워 주세요.

» 구워져 나온 마들렌은 뜨거울 때 팬에서 살짝 들어 올려 분리하고, 비스듬히 세워서 완전히 식혀 주세요.

2	4
5	5
6	7

▲ HOW TO MAKE

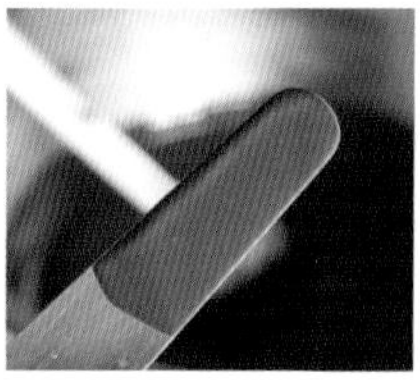

CHECK POINT. 2

다크 초콜릿 코팅

1 분량의 다크 커버춰 초콜릿 중 70% 정도의 양을 전자레인지나 중탕으로 50~55도로 녹여 주세요.

2 나머지 30%의 다크 커버춰 초콜릿을 1 에 조금씩 넣어가며 주걱으로 계속 저어 온도를 31~32도까지 떨어뜨려 템퍼링 해 주세요. (접종법)

» 작은 스패출러나 칼끝에 초콜릿을 약간 묻힌 후, 시원한 곳에 두어 표면에 줄무늬 없이 5분 이내로 굳는 것이 확인되면 템퍼링이 잘 된 것이에요.

3 2 를 짤주머니에 담아 깨끗이 닦은 마들렌 틀 위에 12g씩 짜 주세요.

4 식힌 초코 마들렌을 올려놓고 살짝 눌러준 후, 초콜릿이 굳을 때까지 냉장고에서 20분 정도 굳혀 주세요.

» 템퍼링이 잘 되었다면 초콜릿이 약간 수축하면서 틀에서 잘 분리됩니다.

2 3
4 4

▲ HOW TO MAKE

보관

- 완전히 식힌 후 밀폐용기에 담거나 개별 포장하여 실온 3~4일, 냉동 2~3주 정도 보관 가능합니다.
- 구운 첫날은 겉이 바삭한 식감으로 드실 수 있고, 시간이 지남에 따라 수분이 골고루 퍼지면서 겉과 속이 모두 촉촉한 식감이 됩니다.

말차 화이트초코 마들렌

▲ GO TO VIDEO

말차 가루와 궁합이 좋은 화이트 초콜릿을 반죽에 녹여 넣어서 촉촉하고 밀도 있는 식감을 내어 보았어요. 말차와 화이트 초콜릿이 만나면 말차의 쓰고 텁텁한 맛을 화이트 초콜릿의 부드러운 우유맛이 감싸주어 더욱 맛있게 느껴지는 것 같아요. 겉면의 초콜릿 코팅이 없이 반죽 그 자체로도 맛있는 마들렌이에요.

재료

12개 분량

말차 마들렌

무염버터 84g, 계란 82g, 백설탕 76g, 꿀 12g, 박력분 76g, 말차 가루 6g, 베이킹파우더 2.5g, 화이트 커버춰 30g, 소금 한 꼬집

말차 화이트초콜릿 코팅

화이트 커버춰 200g, 말차 가루 2g

미리 준비하기

- 모든 재료는 실온 상태로 준비하세요.
- 박력분, 말차 가루, 베이킹파우더는 잘 섞어서 체에 쳐 주세요.
- 마들렌 반죽에 들어갈 무염버터와 화이트 커버춰 초콜릿은 함께 전자레인지나 중탕으로 완전히 녹여 주세요.
- 코팅용 화이트 커버춰 초콜릿 200g 중 70%는 그대로 두고, 30% 정도는 칼로 잘게 다져 주세요.

- 틀에 실온 상태의 부드러운 버터를 붓으로 얇게 바른 후, 그 위에 강력분을 뿌리고 털어내서 버터 층 위에 가루를 얇게 입힌 후 냉장고에 넣어 두세요.
- 오븐을 실제 굽는 온도보다 20~30도 높게 최소 20분 이상 충분히 예열해 주세요.

만드는 법

말차 마들렌

1 볼에 계란을 담아 거품기로 가볍게 풀어 주세요.

2 1 에 백설탕과 꿀을 넣고 거품기로 섞어 주세요.

» 표면에 잔거품이 약간 끼고, 설탕이 거의 다 녹은 상태면 됩니다.

3 2 에 체에 쳐 둔 박력분과 말차 가루, 베이킹파우더를 넣고 가루가 보이지 않을 때까지 섞어 주세요.

4 거품기로 반죽을 30~40회 정도 더 저어 약간의 글루텐을 만들어 주세요.

» 밀가루와 수분이 만나면 생성되는 그물 모양의 글루텐은 반죽의 골격 역할을 해요. 마들렌의 경우 반죽에 약간의 글루텐이 생기면 오븐 안에서 부풀어 오른 반죽을 지탱해 주어 큰 배꼽이 생길 수 있도록 해 줍니다.

5 미리 녹여둔 버터와 화이트 초콜릿 혼합물의 온도를 40~60도로 맞춘 후, 거품기로 버터가 겉돌지 않고 반죽과 완전히 섞일 때까지 섞어서 반죽을 완성해 주세요.

» 버터의 온도가 너무 높으면 계란이 익을 수 있고, 너무 낮으면 반죽을 섞다가 버터가 굳어 버려요. 온도를 정확히 맞춰서 반죽에 넣어 주세요.

6 볼에 랩을 덮어 1시간 동안 냉장고에서 반죽을 휴지해 주세요.

» 반죽을 휴지하면 반죽에 점성이 생겨 오븐 안에서 퍼지지 않고 통통하게 잘 부풀고, 밀가루와 다른 재료들이 잘 어우러져 마들렌의 풍미가 좋아집니다. 너무 오랫동안 반죽을 휴지하면 베이킹파우더가 제 기능을 잃어버리므로 최대 이틀 정도까지만 휴지하는 것이 좋습니다.

CHECK POINT. 8

7 휴지한 반죽을 주걱으로 골고루 섞은 후 짤주머니에 담아 틀에 90%씩 채워 주세요.

8 예열한 오븐에 200도에서 4분 동안 구운 후 온도를 낮춰 180도에서 4분 더 구워 주세요.

» 구워져 나온 마들렌은 뜨거울 때 팬에서 살짝 들어 올려 분리하고, 비스듬히 세워서 완전히 식혀 주세요.

▲ HOW TO MAKE

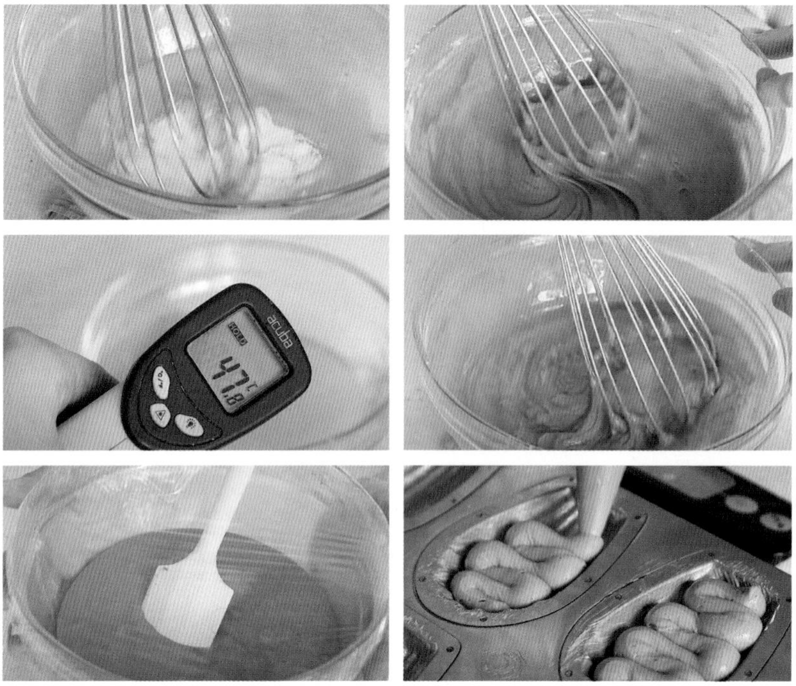

말차 화이트초콜릿 코팅

1 분량의 화이트 커버춰 초콜릿 중 70% 정도의 양을 전자레인지나 중탕으로 40~45도로 녹여 주세요.

2 나머지 30%의 화이트 초콜릿을 1 에 조금씩 넣어가며 주걱으로 계속 저어 온도를 28~29도까지 떨어뜨려 템퍼링 해 주세요. (접종법)

» 작은 스패출러나 칼끝에 초콜릿을 약간 묻힌 후, 시원한 곳에 두어 표면에 줄무늬 없이 5분 이내로 굳는 것이 확인되면 템퍼링이 잘 된 것이에요.

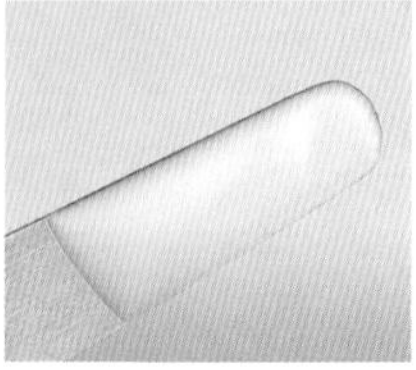

CHECK POINT. 2

3 템퍼링 된 화이트 커버춰 초콜릿에 말차 가루를 넣고 잘 섞어 주세요.

4 3 을 짤주머니에 담아 깨끗이 닦은 마들렌 틀 위에 12g씩 짜 주세요.

5 식힌 말차 마들렌을 올려놓고 살짝 눌러준 후, 초콜릿이 굳을 때까지 냉장고에서 20분 정도 굳혀 주세요.

» 템퍼링이 잘 되었다면 초콜릿이 약간 수축하면서 틀에서 잘 분리됩니다.

2 3
4 5
5

▲ HOW TO MAKE

보관

- 완전히 식힌 후 밀폐용기에 담거나 개별 포장하여 실온 3~4일, 냉동 2~3주 정도 보관 가능합니다.
- 구운 첫날은 겉이 바삭한 식감으로 드실 수 있고, 시간이 지남에 따라 수분이 골고루 퍼지면서 겉과 속이 모두 촉촉한 식감이 됩니다.

쑥 캐러멜 마들렌

▲ GO TO VIDEO

쑥과 캐러멜은 의외로 잘 어울리는 맛의 조합이에요. 우리 고유의 식재료인 쑥은 쓴맛이 강해 디저트로 풀어내기 쉽지 않은 재료인데, 자칫 쑥만으로는 너무 어른스러울 수 있는 맛을 달콤한 캐러멜이 감싸 주면서 누구나 즐길 수 있는 편안하고 쉬운 맛의 마들렌이 되었어요.

재료

12개 분량

캐러멜 소스

백설탕 50g, 물엿 10g, 생크림 42g, 무염버터 8g, 소금 한 꼬집

쑥 마들렌

무염버터 84g, 계란 84g, 백설탕 76g, 꿀 12g, 박력분 76g, 쑥가루 6g, 베이킹파우더 2.5g, 소금 한 꼬집

미리 준비하기

- 모든 재료는 실온 상태로 준비하세요.
- 박력분, 쑥가루, 베이킹파우더는 잘 섞어서 체에 쳐 주세요.
- 무염버터는 전자레인지나 중탕으로 완전히 녹여 주세요.
- 틀에 실온 상태의 부드러운 버터를 붓으로 얇게 바른 후, 그 위에 강력분을 뿌리고 털어내서 버터 층 위에 가루를 얇게 입힌 후 냉장고에 넣어 두세요.
- 오븐을 실제 굽는 온도보다 20~30도 높게 최소 20분 이상 충분히 예열해 주세요.

만드는 법

캐러멜 소스

1 냄비에 백설탕과 물엿을 넣고 약불로 천천히 가열해 주세요.

2 생크림에 소금을 넣고, 뜨거운 상태로 1 에 넣을 수 있게 준비해 두세요.

» 이때, 생크림은 70도 이상이어야 하며, 너무 팔팔 끓여서 생크림의 수분이 날아가지 않도록 주의합니다.

3 1 이 캐러멜화 되어 짙은 갈색이 나면 준비해 두었던 뜨거운 생크림을 조금씩 넣으면서 주걱으로 섞어 주세요.

» 이때 뜨거운 수증기가 많이 발생하므로 손에 화상을 입지 않게 주의하세요.

4 캐러멜이 70도 정도까지 식으면 무염버터를 넣고 잘 섞어 주세요.

5 캐러멜 표면에 막이 생기지 않도록 랩을 씌워 실온 상태까지 완전히 식혀 주세요.

1	3
5	

▲ HOW TO MAKE

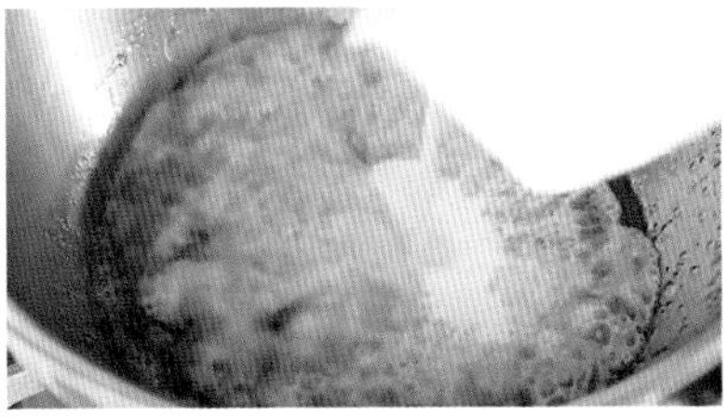

쑥 마들렌

1 볼에 계란을 담아 거품기로 가볍게 풀어 주세요.

2 1 에 백설탕과 꿀을 넣고 거품기로 섞어 주세요.

» 표면에 잔거품이 약간 끼고, 설탕이 거의 다 녹은 상태면 됩니다.

3 2 에 체에 쳐 둔 박력분과 쑥가루, 베이킹파우더를 넣고 가루가 보이지 않을 때까지 섞어 주세요.

4 거품기로 반죽을 30~40회 정도 더 저어 약간의 글루텐을 만들어 주세요.

» 밀가루와 수분이 만나면 생성되는 그물 모양의 글루텐은 반죽의 골격 역할을 해요. 마들렌의 경우 반죽에 약간의 글루텐이 생기면 오븐 안에서 부풀어 오른 반죽을 지탱해 주어 큰 배꼽이 생길 수 있도록 해 줍니다.

5 40~60도의 따뜻한 녹인 버터를 넣고 거품기로 버터가 겉돌지 않고 반죽과 완전히 섞일 때까지 섞어서 반죽을 완성해 주세요.

» 버터의 온도가 너무 높으면 계란이 익을 수 있고, 너무 낮으면 반죽을 섞다가 버터가 굳어버려요. 온도를 정확히 맞춰서 반죽에 넣어 주세요.

6 볼에 랩을 덮어 1시간 동안 냉장고에서 반죽을 휴지해 주세요.

» 반죽을 휴지하면 반죽에 점성이 생겨 오븐 안에서 퍼지지 않고 통통하게 잘 부풀고, 밀가루와 다른 재료들이 잘 어우러져 마들렌의 풍미가 좋아집니다. 너무 오랫동안 반죽을 휴지하면 베이킹파우더가 제 기능을 잃어버리므로 최대 이틀 정도까지만 휴지하는 것이 좋습니다.

7 휴지한 반죽을 주걱으로 골고루 섞은 후 짤주머니에 담아 틀에 90%씩 채워 주세요.

CHECK POINT. 8

8 예열한 오븐에 200도에서 4분 동안 구운 후 온도를 낮춰 180도에서 4분 더 구워 주세요.

» 구워져 나온 마들렌은 뜨거울 때 팬에서 살짝 들어 올려 분리하고, 비스듬히 세워서 완전히 식혀 주세요.

9 애플 코어러 또는 파이핑 팁의 뒷면을 이용해 마들렌 배꼽 부분에 캐러멜이 들어갈 수 있도록 구멍을 만들어 주세요.

10 캐러멜 소스를 짤주머니에 담아 마들렌 구멍 부분에 채워 넣어 주세요.

2	4
5	6
7	9
10	

▲ HOW TO MAKE

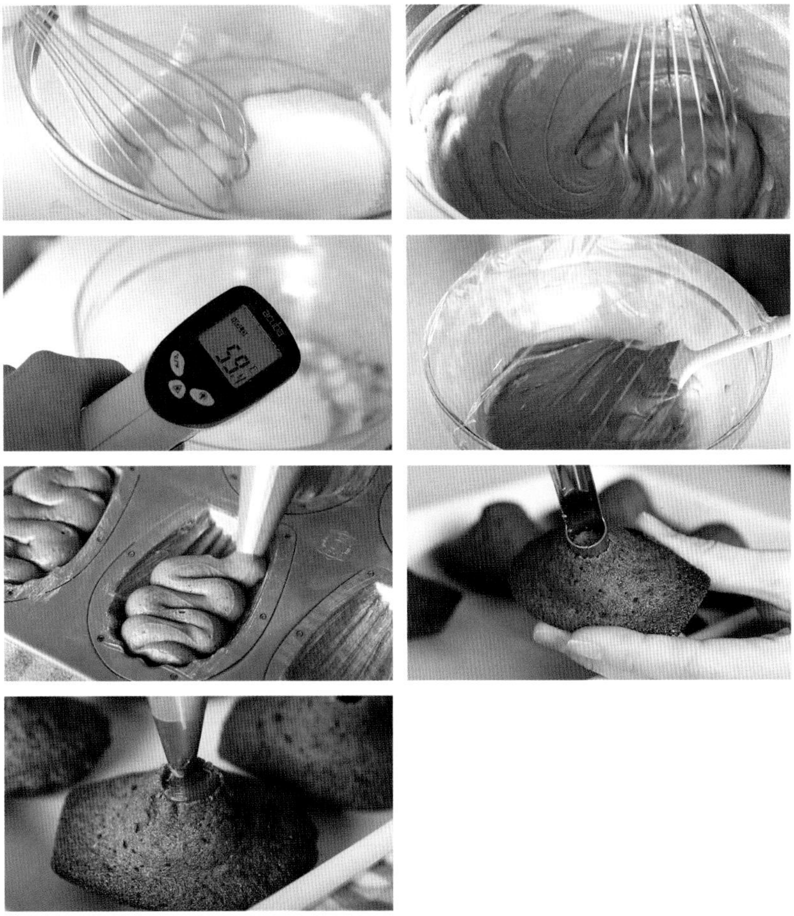

보관

- 완전히 식힌 후 밀폐용기에 담거나 개별 포장하여 실온 3~4일, 냉동 2~3주 정도 보관 가능합니다.
- 구운 첫날은 겉이 바삭한 식감으로 드실 수 있고, 시간이 지남에 따라 수분이 골고루 퍼지면서 겉과 속이 모두 촉촉한 식감이 됩니다.

캐러멜 로투스 마들렌

▲ GO TO VIDEO

기본 캐러멜 소스를 활용하여 만들 수 있는 마들렌이에요. 캐러멜을 넣은 마들렌 반죽에 로투스를 부숴 넣었고, 표면에도 로투스를 올려서 비주얼과 맛 두 마리 토끼를 모두 잡은 사랑스러운 마들렌이에요.

재료

12개 분량

무염버터 85g, 계란 75g, 황설탕 50g, 꿀 10g, 베이킹파우더 3g, 박력분 85g, 캐러멜 소스 40g, 잘게 부순 로투스 30g, 로투스 7개(토핑용)

미리 준비하기

tip 캐러멜 소스 참고 p102

- 모든 재료는 실온 상태로 준비하세요.
- 박력분, 베이킹파우더는 잘 섞어서 체에 쳐 주세요.
- 로투스는 반죽에 섞을 분량은 잘게 부수고, 반죽 위에 올릴 분량은 큼지막하게 쪼개 주세요.
- 무염버터는 전자레인지나 중탕으로 완전히 녹여 주세요.
- 틀에 실온 상태의 부드러운 버터를 붓으로 얇게 바른 후, 강력분을 뿌리고 털어내서 버터 층 위에 가루를 얇게 입힌 후 냉장고에 넣어 두세요.
- 오븐을 실제 굽는 온도보다 20~30도 높게 최소 20분 이상 충분히 예열해 주세요.

만드는 법

1 볼에 계란을 담아 거품기로 가볍게 풀어 주세요.

2 1 에 황설탕과 꿀을 넣고 거품기로 섞어 주세요.

» 표면에 잔거품이 약간 끼고, 설탕이 거의 다 녹은 상태면 됩니다.

3 2 에 체에 쳐 둔 박력분과 베이킹파우더를 넣고 가루가 보이지 않을 때까지 섞어 주세요.

4 거품기로 반죽을 30~40회 정도 더 저어 약간의 글루텐을 만들어 주세요.

» 밀가루와 수분이 만나면 생성되는 그물 모양의 글루텐은 반죽의 골격 역할을 해요. 마들렌의 경우 반죽에 약간의 글루텐이 생기면 오븐 안에서 부풀어 오른 반죽을 지탱해 주어 큰 배꼽이 생길 수 있도록 해 줍니다.

5 실온 상태의 캐러멜 소스를 넣고 섞어 주세요.

» 이때 캐러멜 소스는 유동성 있는 상태여야 하며, 만약 너무 되직하다면 살짝 데워서 사용하세요.

6 40~60도의 따뜻한 녹인 버터를 넣고 거품기로 버터가 겉돌지 않고 반죽과 완전히 섞일 때까지 섞어 주세요.

» 버터의 온도가 너무 높으면 계란이 익을 수 있고, 너무 낮으면 반죽을 섞다가 버터가 굳어 버려요. 온도를 정확히 맞춰서 반죽에 넣어 주세요.

7 잘게 부순 로투스를 넣고 주걱으로 가볍게 섞어서 반죽을 완성해 주세요.

8 볼에 랩을 덮어 1시간 동안 냉장고에서 반죽을 휴지해 주세요.

» 반죽을 휴지하면 반죽에 점성이 생겨 오븐 안에서 퍼지지 않고 통통하게 잘 부풀고, 밀가루와 다른 재료들이 잘 어우러져 마들렌의 풍미가 좋아집니다. 너무 오랫동안 반죽을 휴지하면 베이킹파우더가 제 기능을 잃어버리므로 최대 이틀 정도까지만 휴지하는 것이 좋습니다.

9 휴지한 반죽을 주걱으로 골고루 섞은 후 짤주머니에 담아 틀에 90%씩 채워 주세요.

10 윗면에 로투스를 2~3조각씩 올리고, 예열한 오븐에 200도에서 4분 동안 구운 후 온도를 낮춰 180도에서 4분 더 구워 주세요.

» 구워져 나온 마들렌은 뜨거울 때 팬에서 살짝 들어 올려 분리하고, 비스듬히 세워서 완전히 식혀 주세요.

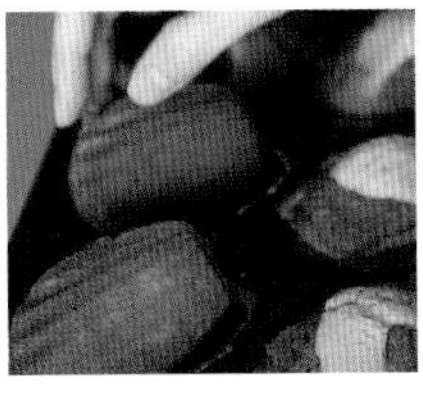

CHECK POINT. 10

2	5
6	7
9	10

▲ HOW TO MAKE

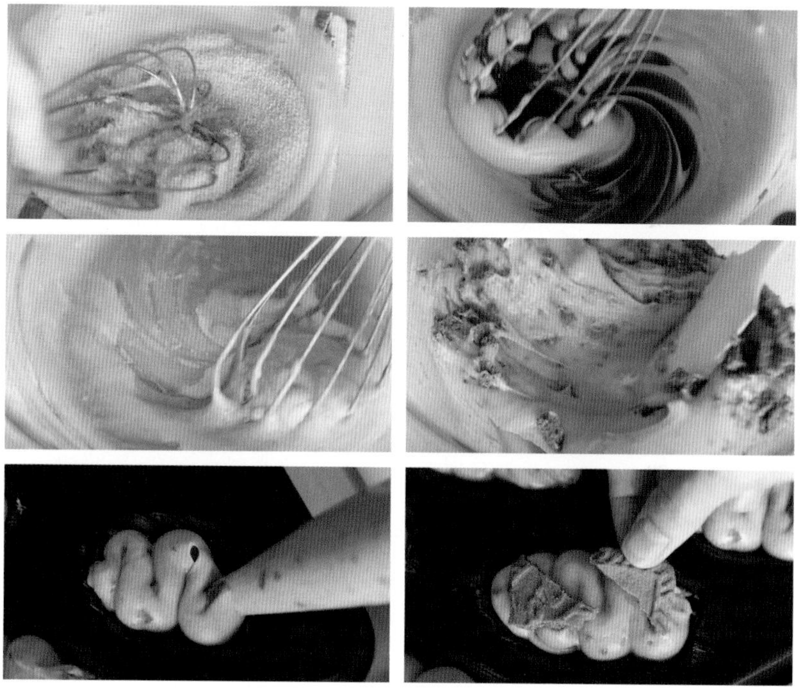

보관

- 완전히 식힌 후 밀폐용기에 담거나 개별 포장하여 실온 3~4일, 냉동 2~3주 정도 보관 가능합니다.
- 구운 첫날은 겉이 바삭한 식감으로 드실 수 있고, 시간이 지남에 따라 수분이 골고루 퍼지면서 겉과 속이 모두 촉촉한 식감이 됩니다.

플레인 휘낭시에

▲ GO TO VIDEO

구움과자를 좋아하는 분들 중 휘낭시에를 베스트로 꼽는 사람들이 많죠. 다른 구움과자와 다르게 갈색이 될 때까지 가열한 브라운 버터(헤이즐넛 버터)가 들어가 아주 진한 버터 풍미가 나기 때문일 거예요. 형제뻘 되는 마들렌이 섬세하고 부드럽다면, 휘낭시에는 캐릭터가 강하고 좀 더 터프한 매력이 있어요. 휘낭시에는 재료 중 버터 비율이 특히 높은 구움과자이기 때문에, 질 좋은 발효버터로 만드시면 훨씬 더 좋은 풍미를 느끼실 수 있을 거예요.

재료

휘낭시에 오발틀
12개 분량

무염버터 127(태운 후 무게 102g), 계란 흰자 110g, 백설탕 102g, 꿀 17g, 아몬드 가루 46g, 강력분 22g, 박력분 22g, 소금 한 꼬집

미리 준비하기

- 모든 재료는 실온 상태로 준비하세요.
- 박력분, 강력분, 아몬드 가루는 잘 섞어서 체에 쳐 주세요.
- 틀에 실온 상태의 부드러운 버터를 붓으로 얇게 발라서 냉장고에 넣어 두세요.
- 오븐을 실제 굽는 온도보다 20~30도 높게 최소 20분 이상 충분히 예열해 주세요.
- 버터를 갈색이 될 때까지 가열해 브라운 버터(헤이즐넛 버터)를 만들어 둡니다.

브라운 버터(헤이즐넛 버터) 만들기

1 버터를 잘게 잘라 냄비에 담아서 중불로 가열해 주세요.

2 버터가 타닥타닥 소리를 내며 끓어오르면 주걱으로 바닥부분이 타지 않게 잘 저어 가면서 끓여 주세요.

3 버터 끓는 소리가 잦아들면서 색이 짙어지기 시작하면, 진한 맥주색 내지는 옅은 아메리카노 정도의 색상이 되었을 때 불에서 내려 주세요.

4 원하는 색이 되면 즉시 냄비를 찬물에 담가 색이 더 진해지는 것을 막아 주세요.

5 휘낭시에 반죽에 넣기 전까지 실온에서 60도 정도로 식혀 두세요.

만드는 법

1 볼에 실온 상태의 흰자를 담아 거품기로 가볍게 풀어 주세요.

2 1 에 백설탕, 꿀, 소금을 넣고 거품기로 섞어 주세요.

» 표면에 잔거품이 약간 끼고, 설탕이 완전히 녹은 상태면 됩니다.

3 체에 친 아몬드 가루, 강력분, 박력분을 넣고 거품기로 가루가 보이지 않을 때까지 섞어 주세요.

4 3 에 60도 전후로 식혀둔 브라운 버터를 두 번에 나눠 넣어가며 버터가 겉돌지 않고 반죽과 완전히 섞일 때까지 섞어 주세요.

» 버터를 태우면 작은 그을음 같은 갈색 입자들이 남는데, 풍미를 담당하는 부분이므로 체에 거르지 말고 모두 넣어 주세요.

» 브라운 버터의 온도가 너무 높으면 계란 흰자가 익을 수 있고, 너무 낮으면 반죽을 섞다가 버터가 굳어버려요. 온도를 정확히 맞춰서 반죽에 넣어 주세요.

5 완성된 반죽을 짤주머니에 담아 틀에 90% 정도 채우고, 예열한 오븐에 190도에서 12분 동안 구워 주세요.

» 구워져 나온 휘낭시에는 뜨거울 때 팬에서 분리하고, 식힘망 위에서 완전히 식혀 주세요.

3	4
4	5

▲ HOW TO MAKE

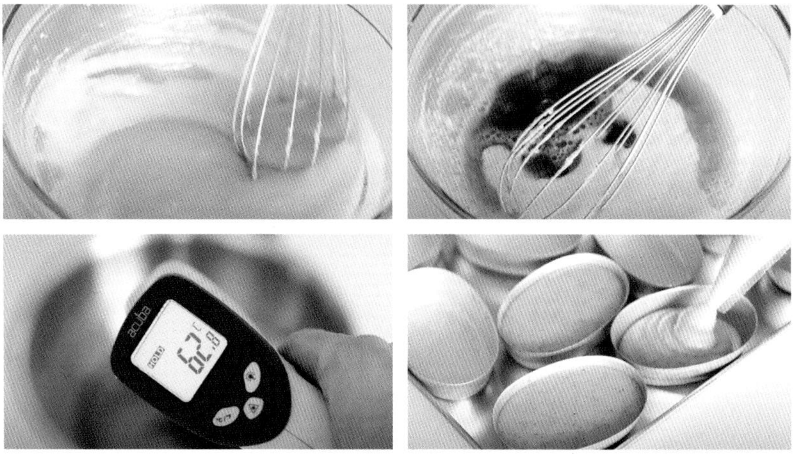

보관

- 완전히 식힌 후 밀폐용기에 담거나 개별 포장하여 실온 4~5일, 냉동 3주 정도 보관 가능합니다.
- 구운 첫날은 겉이 바삭한 식감으로 드실 수 있고, 시간이 지남에 따라 수분이 골고루 퍼지면서 겉과 속이 모두 촉촉한 식감이 됩니다.

초코 휘낭시에

▲ GO TO VIDEO

반죽에 녹인 초콜릿을 넣어 깊고 진한 초코의 맛을 느낄 수 있는 휘낭시에예요. 초코 파운드나 초코 마들렌과는 또 다른 매력의 깊은 풍미가 있는 구움과자랍니다.

재료

휘낭시에 오발틀 11개 분량

무염버터 98g(태운 후 무게 78g), 계란 흰자 90g, 백설탕 56g, 물엿 7g, 아몬드 가루 56g, 중력분 21g, 베이킹파우더 1g, 다크 커버춰(카카오 고형분 70%) 47g, 소금 한 꼬집

미리 준비하기

tip 브라운 버터(헤이즐넛 버터) 참고 p130

- 모든 재료는 실온 상태로 준비하세요.
- 중력분과 아몬드 가루, 베이킹파우더는 잘 섞어서 체에 쳐 주세요.
- 틀에 실온 상태의 부드러운 버터를 붓으로 얇게 발라서 냉장고에 넣어 두세요.
- 오븐을 실제 굽는 온도보다 20~30도 높게 최소 20분 이상 충분히 예열해 주세요.
- 버터를 갈색이 될 때까지 가열해 브라운 버터(헤이즐넛 버터)를 만들어 둡니다.
- 다크 커버춰 초콜릿은 중탕이나 전자레인지로 완전히 녹여서 준비해 두세요.

만드는 법

1 볼에 실온 상태의 흰자를 담아 거품기로 가볍게 풀어 주세요.

2 1에 백설탕, 물엿, 소금을 넣고 거품기로 섞어 주세요.

» 표면에 잔거품이 약간 끼고, 설탕이 완전히 녹은 상태면 됩니다.

3 체에 친 아몬드 가루와 중력분, 베이킹파우더를 넣고 거품기로 가루가 보이지 않을 때까지 섞어 주세요.

4 3 에 녹인 다크 커버춰 초콜릿을 넣고 거품기로 섞어 주세요.

5 4 에 60도 전후로 식혀둔 브라운 버터를 두 번에 나눠 넣어가며 버터가 겉돌지 않고 반죽과 완전히 섞일 때까지 섞어 주세요.

» 버터를 태우면 작은 그을음 같은 갈색 입자들이 남는데, 풍미를 담당하는 부분이므로 체에 거르지 말고 모두 넣어 주세요.

» 브라운 버터의 온도가 너무 높으면 계란 흰자가 익을 수 있고, 너무 낮으면 반죽을 섞다가 버터가 굳어버려요. 온도를 정확히 맞춰서 반죽에 넣어 주세요.

6 완성된 반죽을 짤주머니에 담아 틀에 90% 정도 채우고, 예열한 오븐에 190도에서 12분 동안 구워 주세요.

» 구워져 나온 휘낭시에는 뜨거울 때 팬에서 분리하고, 식힘망 위에서 완전히 식혀 주세요.

2	5
5	6

▲ HOW TO MAKE

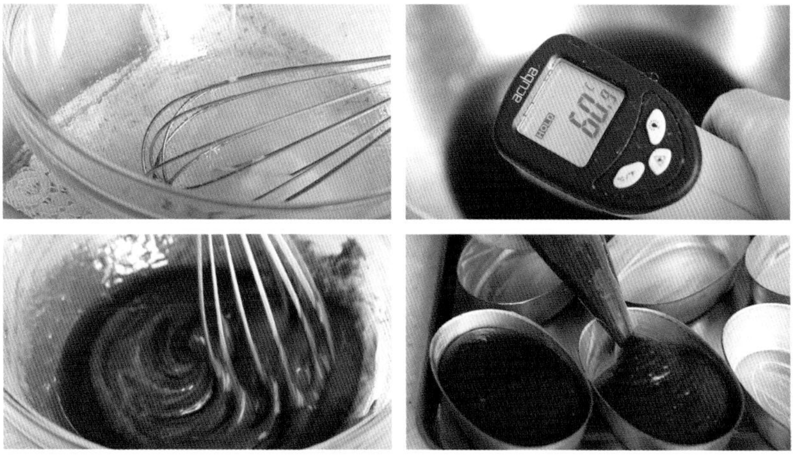

보관

- 완전히 식힌 후 밀폐용기에 담거나 개별 포장하여 실온 4~5일, 냉동 3주 정도 보관 가능합니다.
- 구운 첫날은 겉이 바삭한 식감으로 드실 수 있고, 시간이 지남에 따라 수분이 골고루 퍼지면서 겉과 속이 모두 촉촉한 식감이 됩니다.

고르곤졸라 휘낭시에

▲ GO TO VIDEO

고르곤졸라는 특유의 쿰쿰한 냄새 때문에 호불호가 있는 재료인데, 고르곤졸라 피자를 먹을 때처럼 꿀과 함께 페어링해 누구나 좋아할 만한 친숙한 맛으로 만들어 보고자 했어요. 고르곤졸라 치즈 맛이 너무 강하지 않아 부드럽게 드실 수 있는 휘낭시에예요.

재료

휘낭시에 오발틀 12개 분량

무염버터 116g(태운 후 무게 93g), 계란 흰자 101g, 백설탕 93g, 꿀 16g, 소금 2g, 아몬드 가루 41g, 강력분 20g, 박력분 20g, 고르곤졸라(피칸테) 26g

미리 준비하기

tip 브라운 버터(헤이즐넛 버터) 참고 p130

- 모든 재료는 실온 상태로 준비하세요.
- 고르곤졸라 치즈는 잘게 다져 주세요.
- 박력분, 강력분, 아몬드 가루는 잘 섞어서 체에 쳐 주세요.
- 틀에 실온 상태의 부드러운 버터를 붓으로 얇게 발라서 냉장고에 넣어 두세요.
- 오븐을 실제 굽는 온도보다 20~30도 높게 최소 20분 이상 충분히 예열해 주세요.
- 버터를 갈색이 될 때까지 가열해 브라운 버터(헤이즐넛 버터)를 만들어 둡니다.

만드는 법

1 볼에 실온 상태의 흰자를 담아 거품기로 가볍게 풀어 주세요.

2 1 에 백설탕, 꿀, 소금을 넣고 거품기로 섞어 주세요.

» 표면에 잔거품이 약간 끼고, 설탕이 완전히 녹은 상태면 됩니다.

3 체에 친 아몬드 가루, 강력분, 박력분을 넣고 거품기로 가루가 보이지 않을 때까지 섞어 주세요.

4 3 에 60도 전후로 식혀둔 브라운 버터를 두 번에 나눠 넣어가며 버터가 겉돌지 않고 반죽과 완전히 섞일 때까지 섞어 주세요.

» 버터를 태우면 작은 그을음 같은 갈색 입자들이 남는데, 풍미를 담당하는 부분이므로 체에 거르지 말고 모두 넣어 주세요.

» 브라운 버터의 온도가 너무 높으면 계란 흰자가 익을 수 있고, 너무 낮으면 반죽을 섞다가 버터가 굳어버려요. 온도를 정확히 맞춰서 반죽에 넣어 주세요.

5 실온 상태의 작게 썬 고르곤졸라 치즈를 넣고 섞어서 반죽을 마무리해 주세요.

6 완성된 반죽을 짤주머니에 담아 틀에 90% 정도 채우고, 예열한 오븐에 190도에서 12분 동안 구워 주세요.

» 구워져 나온 휘낭시에는 뜨거울 때 팬에서 분리하고, 식힘망 위에서 완전히 식혀 주세요.

2	4
5	6

▲ HOW TO MAKE

보관

- 완전히 식힌 후 밀폐용기에 담거나 개별 포장하여 실온 4~5일, 냉동 3주 정도 보관 가능합니다.
- 구운 첫날은 겉이 바삭한 식감으로 드실 수 있고, 시간이 지남에 따라 수분이 골고루 퍼지면서 겉과 속이 모두 촉촉한 식감이 됩니다.

솔티 캐러멜 휘낭시에

▲ GO TO VIDEO

캐러멜은 제가 가장 좋아하는 플레이버인데요. 캐러멜 맛이 많이 나는 휘낭시에를 만들고 싶어 반죽에 캐러멜을 최대치로 넣어 만들어 본 진하고 묵직한 맛의 휘낭시에예요. 윗면의 입자 굵은 소금이 맛의 포인트이니 꼭 뿌려 주세요. 플뢰르 드 셸이나 말돈 소금 등 질 좋은 소금을 사용하시면 더 좋은 맛을 느끼실 수 있어요.

재료

휘낭시에 오발틀
12개 분량

무염버터 108g(태운 후 무게 87g), 계란 흰자 93g, 백설탕 68g, 물엿 11g, 중력분 60g, 아몬드 가루 60g, 베이킹파우더 1g, 소금 1g, 캐러멜 소스 77g, 여분의 캐러멜 소스 약간(표면에 바를 용도)

미리 준비하기

tip 캐러멜 소스 참고
p102

- 캐러멜 소스를 포함한 모든 재료는 실온 상태로 준비하세요.
- 중력분과 아몬드 가루, 베이킹파우더는 잘 섞어서 체에 쳐 주세요.
- 틀에 실온 상태의 부드러운 버터를 붓으로 얇게 발라서 냉장고에 넣어 두세요.
- 오븐을 실제 굽는 온도보다 20~30도 높게 최소 20분 이상 충분히 예열해 주세요.
- 버터를 갈색이 될 때까지 가열해 브라운 버터(헤이즐넛 버터)를 만들어 둡니다.

만드는 법

1 볼에 실온 상태의 흰자를 담아 거품기로 가볍게 풀어 주세요.

2 1 에 백설탕, 물엿, 소금을 넣고 거품기로 거품이 많이 나지 않도록 조심히 섞어 주세요.

» 손가락으로 만져 보았을 때 설탕이 거의 다 녹은 상태면 됩니다.

3 체에 친 아몬드 가루, 중력분, 베이킹파우더를 넣고 거품기로 가루가 보이지 않을 때까지 섞어 주세요.

4 3 에 60도 전후로 식혀둔 브라운 버터를 두 번에 나눠 넣어가며 버터가 겉돌지 않고 반죽과 완전히 섞일 때까지 섞어 주세요.

» 버터를 태우면 작은 그을음 같은 갈색 입자들이 남는데, 풍미를 담당하는 부분이므로 체에 거르지 말고 모두 넣어 주세요.

» 브라운 버터의 온도가 너무 높으면 계란 흰자가 익을 수 있고, 너무 낮으면 반죽을 섞다가 버터가 굳어버려요. 온도를 정확히 맞춰서 반죽에 넣어 주세요.

5 실온 상태의 캐러멜 소스를 넣고 섞어서 반죽을 완성해 주세요.

» 이때 캐러멜 소스는 유동성 있는 상태여야 하며, 만약 너무 되직하다면 살짝 데워서 사용하세요.

6 볼에 랩을 덮어 1시간 동안 냉장고에서 반죽을 휴지해 주세요.

7 휴지한 반죽을 주걱으로 골고루 섞은 후 짤주머니에 담아 틀에 90% 정도 채워 주세요.

8 예열한 오븐에 190도에서 12분 동안 구워 주세요.

» 구워져 나온 휘낭시에는 뜨거울 때 팬에서 분리하고, 식힘망 위에서 완전히 식혀 주세요.

| 3 | 4 |
| 6 | 7 |

▲ HOW TO MAKE

보관

- 완전히 식힌 후 밀폐용기에 담거나 개별 포장하여 실온 4~5일, 냉동 3주 정도 보관 가능합니다.
- 구운 첫 날은 겉이 바삭한 식감으로 드실 수 있고, 시간이 지남에 따라 수분이 골고루 퍼지면서 겉과 속이 모두 촉촉한 식감이 됩니다.

시나몬 츄러스 휘낭시에

▲ GO TO VIDEO

츄러스를 한입 베어 물었을 때 바삭하면서 설탕이 씹히는 맛을 재현하고자 만들어 본 휘낭시에예요. 구워진 휘낭시에 겉면에 시나몬 설탕을 묻히기도 하지만, 이번에는 틀에 설탕을 코팅해 휘낭시에 반죽과 같이 구워 설탕이 녹았다가 굳어 빠작빠작한 설탕 코팅층의 크런치함을 극대화해 보았어요. 여러 가지 맛 중 선물했을 때 주변 반응이 가장 좋은 휘낭시에 중 하나예요.

재료

무염버터 140g(태운 후 무게 112g), 계란 흰자 121g, 백설탕 44g, 황설탕 55g, 트리몰린 17g, 소금 1g, 중력분 49g, 아몬드 가루 51g, 시나몬 파우더(반죽용) 1g, 카소나드(비정제 황설탕) 50g(틀 코팅용), 시나몬 파우더 2g(틀 코팅용)

미리 준비하기

tip 브라운 버터(헤이즐넛 버터) 참고 p130

- 모든 재료는 실온 상태로 준비하세요.
- 중력분, 아몬드 가루, 시나몬 파우더(반죽용)는 잘 섞어서 체에 쳐 주세요.
- 틀 코팅용 카소나드와 시나몬 파우더는 잘 섞어 주세요.
- 틀에 실온 상태의 부드러운 버터를 붓으로 바른 후, 카소나드와 시나몬 파우더 섞은 것을 뿌린 후 틀을 뒤집어 털어내 틀 표면에 설탕을 한 겹 고루 묻혀 주세요.
- 오븐을 실제 굽는 온도보다 20~30도 높게 최소 20분 이상 충분히 예열해 주세요.
- 버터를 갈색이 될 때까지 가열해 브라운 버터(헤이즐넛 버터)를 만들어 둡니다.

만드는 법

1 볼에 실온 상태의 흰자를 담아 거품기로 가볍게 풀어 주세요.

2 1 에 백설탕, 황설탕, 트리몰린, 소금을 넣고 거품기로 섞어 주세요.

» 표면에 잔거품이 약간 끼고, 설탕이 완전히 녹은 상태면 됩니다.

3 체에 친 아몬드 가루, 중력분, 시나몬 파우더를 넣고 거품기로 가루가 보이지 않을 때까지 섞어 주세요.

4 3 에 60도 전후로 식혀둔 브라운 버터를 두 번에 나눠 넣어가며 버터가 겉돌지 않고 반죽과 완전히 섞일 때까지 섞어 주세요.

» 버터를 태우면 작은 그을음 같은 갈색 입자들이 남는데, 풍미를 담당하는 부분이므로 체에 거르지 말고 모두 넣어 주세요.

» 브라운 버터의 온도가 너무 높으면 계란 흰자가 익을 수 있고, 너무 낮으면 반죽을 섞다가 버터가 굳어버려요. 온도를 정확히 맞춰서 반죽에 넣어 주세요.

5 완성된 반죽을 짤주머니에 담아 설탕을 묻힌 틀에 90% 정도 채우고, 예열한 오븐에 190도에서 13~14분 동안 구워 주세요.

» 구워져 나온 휘낭시에는 뜨거울 때 팬에서 분리하고, 식힘망 위에서 완전히 식혀 주세요.

2	4
4	5

▲ HOW TO MAKE

보관

- 완전히 식힌 후 밀폐용기에 담거나 개별 포장하여 실온 4~5일, 냉동 3주 정도 보관 가능합니다.
- 구운 첫날은 겉이 바삭한 식감으로 드실 수 있고, 시간이 지남에 따라 수분이 골고루 퍼지면서 겉과 속이 모두 촉촉한 식감이 됩니다.

05 COOKIES 쿠키와 구움과자

갈레트 브루통
로미아스 쿠키
플로랑탱 쿠키
세 가지 맛 튀일 쿠키
아망디오 쇼콜라 쿠키
통밀 쿠키
메이플 크림 샌드 쿠키
린저 쿠키
스페퀼로스 쿠키
진저브레드 쿠키
바치 디 다마 쿠키
파마산 치즈 쿠키
마가렛트 쿠키
레드벨벳 크림치즈 쿠키
콘쿠키
오트밀 레이즌 쿠키
브라운버터 초코칩 쿠키
말차 화이트초코 마카다미아 쿠키
브라우니 크랙 쿠키
솔티 피넛 쿠키
마시멜로우 더블 초코 쿠키
진저스냅 쿠키
사브레 쿠키
인절미볼 쿠키
알파호레스 쿠키
팔미에
파베 브라우니
블론디
크림치즈 마블 브라우니
레몬바
라임 코코넛 바
블루베리 크럼블 케이크
진한 초코 머핀
블루베리 크럼블 머핀
초코 바나나 브레드
허니 콘브레드
알밤케이크
말차 테린느
퐁당 오 쇼콜라
쿠키슈
피치 코블러

갈레트 브루통

▲ GO TO VIDEO

갈레트 브루통은 프랑스 브루타뉴 지방의 전통 과자예요. 소금과 유제품이 많이 생산되는 브루타뉴 지방에서 가염버터를 이용해 만들던 과자였지만 현재는 무염버터에 소금을 넣어 만드는 것이 일반적이에요. 버터 함량이 다른 쿠키에 비해 높아서 가볍게 부서지는 식감과 진한 버터의 풍미가 좋아요. 버터가 다량 들어가는 만큼 맛있는 버터를 선택하여 만드는 것이 중요한데, 질 좋은 발효버터를 사용하시면 향긋한 버터의 풍미를 제대로 느끼실 수 있어요.

재료
지름 6cm 쿠키 9개 분량

무염버터 120g, 슈가파우더 70g, 계란 노른자 20g, 박력분 110g, 아몬드 가루 12g, 베이킹파우더 1g, 소금 2g, 다크럼 8g, 노른자 적당량(윗면에 바르는 용)

미리 준비하기

- 모든 재료는 실온 상태로 준비하세요.
- 박력분, 아몬드 가루, 베이킹파우더는 잘 섞어서 체에 쳐 주세요.
- 오븐을 실제 굽는 온도보다 20~30도 높게 최소 20분 이상 충분히 예열해 주세요.

만드는 법

1 실온 상태의 부드러운 버터를 볼에 담아 주걱으로 가볍게 풀어 주세요.
2 슈가파우더, 소금을 넣고 주걱으로 재료들이 크림처럼 잘 섞일 때까지만 가볍게 휘저어 섞어 주세요.

3 2에 실온 상태의 노른자와 다크림을 두 번에 걸쳐 나눠 넣어가며 주걱으로 휘저어 섞어 주세요.

4 체 쳐둔 박력분과 베이킹파우더, 아몬드 가루를 넣고 주걱으로 자르듯이 가볍게 섞어 한 덩어리로 만들어 주세요.

5 완성된 반죽을 비닐이나 유산지 두 장 사이에 넣고 밀대를 이용해 1cm 두께로 밀어주세요.

6 반죽이 완전히 단단해질 때까지 냉장고에서 2~3시간 또는 냉동실에서 1시간 정도 휴지해 주세요.

7 차갑고 단단해진 반죽을 꺼내 6cm 원형 쿠키커터에 덧가루를 묻혀서 찍어내고, 갈레트 틀 안에 넣어 주세요.

8 여분의 노른자를 과자 표면에 붓으로 얇게 두 번 바르고, 뾰족한 포크 등으로 표면을 그어서 모양을 내 주세요.

» 먼저 바른 노른자가 살짝 마르면 그 위에 또 한번 발라 주세요.

» 노른자가 완전히 굳어버리면 포크로 표면을 그을 때 예쁘지 않게 되니 반 정도 말랐을 때 그어 주세요.

9 예열한 오븐에 160도에서 33~35분 동안 구워 주세요.

» 이 쿠키는 구움색이 충분히 진하게 날 때까지 비교적 오랫동안 구우셔야 속까지 수분이 날아가서 눅눅하지 않고 바삭하게 드실 수 있어요.

2	3
5	7

▲ HOW TO MAKE

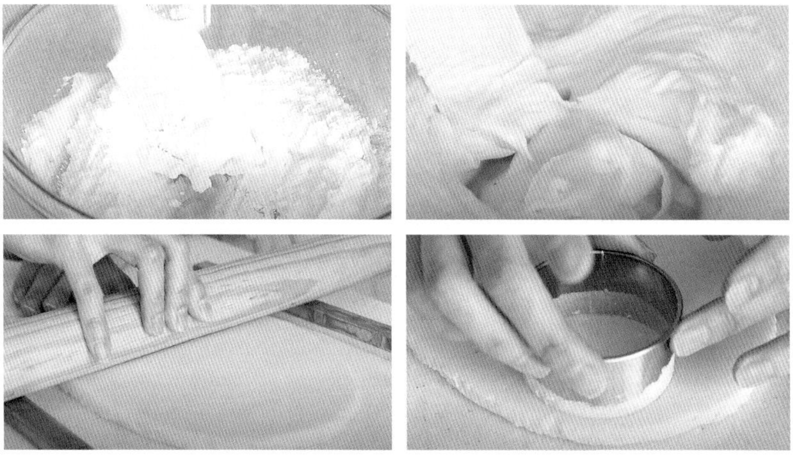

7	8
8	9

▲ HOW TO MAKE

보관

- 완전히 식힌 후 밀폐용기에 담거나 개별 포장해서 실온 약 4일, 냉동 3주 정도 보관 가능합니다.

로미아스 쿠키

▲ GO TO VIDEO

로미아스는 이탈리아 로마로부터 유래한 수레바퀴 모양의 과자로, 동그란 버터 쿠키 반죽 안쪽에 견과류 누가틴이나 가나슈 등을 채워서 만들어요. 가볍고 바삭바삭한 과자 반죽과 캐러멜 풍미의 고소한 아몬드 누가틴이 잘 어울리는 정말 맛있는 과자랍니다.

재료

플레인/초코맛 쿠키
각 30개 분량

플레인 로미아스 쿠키
무염버터 100g, 슈가파우더 42g, 흰자 16g, 바닐라 익스트랙 1g, 소금 한 꼬집, 박력분 113g

초코 로미아스 쿠키
무염버터 100g, 슈가파우더 42g, 흰자 16g, 바닐라 익스트랙 1g, 소금 한 꼬집, 박력분 101g, 코코아 파우더 12g

아몬드 누가틴(총 60개 분량)
물엿 50g, 백설탕 50g, 무염버터 50g, 아몬드 분태 60g

미리 준비하기

- 모든 재료는 실온 상태로 준비하세요.
- 가루류는 함께 섞어서 체에 쳐 주세요.
- 아몬드 분태는 160도에 5분 정도 노릇해질 때까지 구워 주세요.
- 오븐을 실제 굽는 온도보다 20~30도 높게 최소 20분 이상 충분히 예열해 주세요.

만드는 법

2 3
4 4

▲ HOW TO MAKE

아몬드 누가틴

1 물엿, 백설탕, 무염버터를 냄비에 넣고 중불로 가열하세요.

2 냄비 중앙까지 전체적으로 끓어오르고, 색이 뽀얗게 되면 아몬드 분태를 넣고 주걱으로 잘 섞어 주세요.

3 재료들이 완전히 잘 섞이면 종이호일이나 테프론 시트 위에 부어 주세요.

4 완전히 식힌 다음 개당 3g씩 분할해서 둥글게 빚어 주세요.

로미아스 쿠키

1 실온 상태의 부드러운 버터를 가볍게 풀어 주세요.

2 1 에 소금과 슈가파우더를 넣고 부드럽게 섞일 때까지 거품기로 섞어 주세요.

» 이 단계에서 너무 많이 휘핑하면 반죽에 공기가 많이 들어가면서 쿠키가 퍼져요. 슈가파우더가 버터에 잘 섞여 들어갈 때까지만 가볍게 섞어 주세요.

3 2 에 실온 상태의 흰자와 바닐라 익스트랙을 3~4번에 나눠 넣어가며 거품기로 섞어 주세요.

4 3 에 체 쳐둔 박력분을 넣고 주걱으로 가볍게 섞어서 반죽을 완성해 주세요.

» 초코맛 로미아스 쿠키 반죽에는 분량의 박력분과 코코아 파우더를 넣고 섞어 주세요.

CHECK POINT. 4

5 완성된 반죽을 별깍지(36K)를 낀 짤주머니에 담아 링 모양으로 둥글게 짜 주세요.

» 시트 위에 덧가루를 묻힌 원형 쿠키커터로 미리 표시해 두면 균일하게 파이핑할 수 있어요.

6 쿠키 반죽 가운데에 누가틴을 하나씩 올려놓고, 예열한 오븐에 160도에서 17분 동안 구워 주세요.

3	5
6	6

▲ HOW TO MAKE

보관

- 완전히 식힌 후 밀폐용기에 담거나 개별 포장하여 실온 약 4~5일, 냉동 1달 정도 보관 가능합니다.

플로랑탱 쿠키

▲ GO TO VIDEO

플로랑탱(플로렌틴)은 '플로렌스 스타일의'라는 뜻으로, 이탈리아 플로렌스 지방에서 유래한 과자예요. 본디 서양에서는 과자 부분 없이 견과류와 설탕, 버터, 꿀 등을 섞어 둥근 모양으로 오븐에 굽는 형태가 일반적이지만, 우리나라에서는 바닥에 과자 층을 더함으로써 당도를 낮추고 좀 더 다양한 식감이 나도록 변형한 과자를 더 흔히 찾아볼 수 있어요. 저는 과자 반죽 쪽에 통밀을 더해 구수하면서 담백한 맛이 나도록 만들어 봤어요.

재료

가로×세로 16.5cm
정사각틀 1개 분량

파트 수크레

무염버터 60g, 계란 노른자 18g, 슈가파우더 35g, 박력분 80g, 통밀가루 30g, 소금 한 꼬집

플로랑탱

생크림 28g, 물엿 17g, 꿀 11g, 백설탕 42g, 무염버터 28g, 아몬드 슬라이스 60g, 소금 한 꼬집

미리 준비하기

- 모든 재료는 실온 상태로 준비하세요.
- 무염버터는 전자레인지나 중탕으로 완전히 녹여 두세요.
- 오븐을 실제 굽는 온도보다 20~30도 높게 최소 20분 이상 충분히 예열해 주세요.
- 아몬드 슬라이스는 노릇해질 때까지 160도에 5분 정도 구워 주세요.

만드는 법

파트 수크레

1 실온 상태의 부드러운 무염버터를 가볍게 풀어 주세요.

2 1 에 슈가파우더와 소금을 넣고 섞어 주세요.

3 2 에 실온 상태의 계란 노른자를 넣고 잘 섞일 때까지 섞어 주세요.

4 3 에 체에 친 박력분과 통밀가루를 넣고 주걱으로 가볍게 섞어 한 덩어리로 만들어 주세요.

5 완성된 반죽 양쪽에 종이호일이나 테프론 시트를 덮어 두께 4mm의 사각형 모양으로 밀어 펴 주세요.

6 밀어 편 반죽이 단단해질 때까지 냉장고에서 2시간 또는 냉동실에서 30분 동안 휴지해 주세요.

» 시간적 여유가 있을 경우 냉장고에서 충분히 휴지하면 굽고 난 후 과자가 줄어드는 것을 최소화할 수 있어요.

7 단단해진 반죽을 꺼내서 사각 무스링으로 찍어내거나 사용할 틀 크기에 맞게 재단해 주세요.

8 찍어낸 반죽을 타공 매트 위에 팬닝하고, 예열한 오븐에 160도에서 13분 동안 구워 주세요.

» 타공 매트는 미세한 구멍이 뚫려 있어 구워지면서 쿠키 반죽의 형태 변형을 최소화해 줘요. 없다면 종이 호일이나 테프론 시트를 사용하셔도 무방합니다.

9 무스링이나 사각틀에 테프론 시트나 유산지를 재단해서 깔고, 구운 파트 수크레를 바닥에 깔아 두세요.

4	5
7	8

▲ HOW TO MAKE

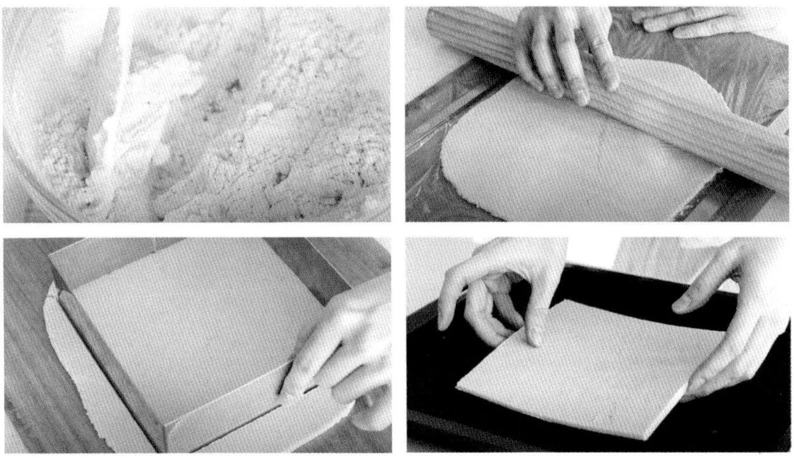

9	9

▲ HOW TO MAKE

플로랑탱

1 냄비에 생크림, 물엿, 꿀, 설탕, 버터를 담아 주세요.

2 중불에서 115도가 될 때까지 주걱으로 저어 가면서 끓여 주세요.

3 불을 끄고 아몬드 슬라이스를 넣어 골고루 섞어 주세요.

4 3이 뜨거울 때 과자 위에 부은 후 주걱으로 평평하게 펼쳐 주세요.

5 예열한 오븐에 165도에서 20분 동안 구워 주세요.

» 완성된 플로랑탱을 깔끔하게 자르려면 한 김 식힌 후 따뜻할 때 뒤집어서 톱니 모양 칼로 잘라 주세요. 식었을 경우 오븐에서 살짝 다시 데워서 따뜻하게 만든 후 자르시면 됩니다.

2	3
4	5

▲ HOW TO MAKE

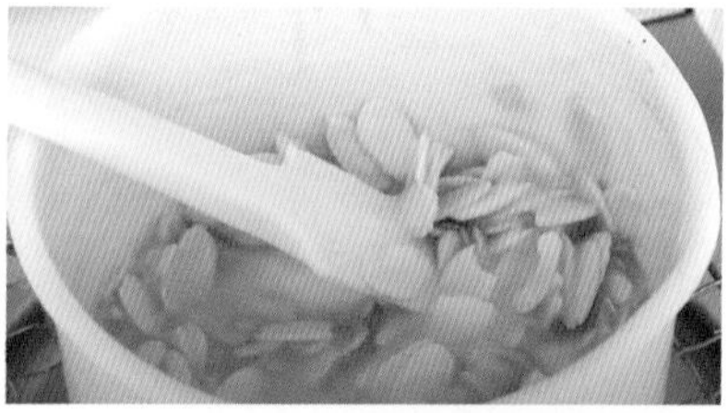

보관

• 완전히 식힌 후 밀폐용기에 담거나 개별 포장하여 실온 약 4~5일, 냉동 1달 정도 보관 가능합니다.

세 가지 맛 튀일 쿠키

▲ GO TO VIDEO

튀일은 불어로 '기와'라는 뜻을 가진 과자인데, 원래는 둥글고 살짝 휘어진 모양을 가지고 있어 그 모습이 기왓장을 닮아 그런 이름이 붙게 되었답니다. 전란이 아닌 흰자만으로 만드는 과자이고, 공정이 간단하고 쉬워서 남는 흰자가 많이 생겼을 때 처리하기 좋은 레시피예요. 과자가 막 구워져 나와 뜨거울 때 장갑을 끼고 밀대 등을 이용해 약간 휘어지도록 자연스럽게 모양을 잡아 주어도 좋아요.

재료

지름 6cm 튀일
각각 약 20개 분량

아몬드 튀일

계란 흰자 55g, 백설탕 40g, 박력분 15g, 무염버터 20g, 바닐라 빈 페이스트 1g, 아몬드 슬라이스 55g, 소금 한 꼬집

깨 튀일

계란 흰자 55g, 백설탕 40g, 박력분 15g, 무염버터 20g, 바닐라 빈 페이스트 1g, 깨(검은깨, 흰깨 섞어서) 65g, 소금 한 꼬집

코코넛 튀일

계란 흰자 55g, 백설탕 40g, 박력분 15g, 무염버터 20g, 바닐라 빈 페이스트 1g, 코코넛롱 50g, 소금 한 꼬집

미리 준비하기

- 모든 재료는 실온 상태로 준비하세요.
- 무염버터는 전자레인지나 중탕으로 완전히 녹여 두세요.
- 오븐을 실제 굽는 온도보다 20~30도 높게 최소 20분 이상 충분히 예열해 주세요.
- 아몬드 슬라이스, 깨, 코코넛은 로스팅하지 않은 것을 사용해 주세요.

만드는 법

1. 박력분과 설탕, 소금을 볼에 담아 거품기로 잘 섞어 주세요.
2. 1 에 실온 상태의 흰자, 바닐라 빈 페이스트를 넣고 거품기로 섞어 주세요.
3. 2 에 따뜻하게 녹여둔 무염버터를 넣고 거품기로 섞어 주세요.
4. 3 에 아몬드 슬라이스, 깨, 코코넛롱을 넣고 주걱으로 섞어서 반죽을 완성해 주세요.
5. 반죽이 약간 굳을 때까지 냉장고에서 1시간 정도 휴지해 주세요.
6. 휴지한 반죽을 적당량 떼어 종이호일이나 테프론 시트를 깐 팬 위에 둥글고 얇게 펼쳐 주세요.

   » 이때 원형 쿠키커터를 이용하면 깔끔한 원 모양으로 팬닝할 수 있어요.

7. 미리 예열한 오븐에 160도에서 12분 동안 구워 주세요.

1	2
3	4

▲ HOW TO MAKE

5	6
7	

▲ HOW TO MAKE

보관

- 완전히 식힌 후 밀폐용기에 담거나 개별 포장하여 실온에서 약 5일, 냉동에서 약 1달 정도 보관 가능합니다.

아망디오 쇼콜라 쿠키

▲ GO TO VIDEO

진하고 깔끔한 초코 쿠키 안에 고소한 아몬드가 가득 들어 있는 과자예요. 만들기 쉽고, 남녀노소 모두에게 익숙한 쿠키이기 때문에 호불호가 적어 쿠키 답례품이나 쿠키 선물세트 등에 종종 들어 있는 과자입니다. 이렇게 반죽을 굳힌 후 칼로 썰어 굽는 형태의 과자를 '아이스박스 쿠키'라고도 하는데, 반죽을 원통 형태로 얼려서 장기보관해 두었다가 필요할 때 언제든 꺼내서 썰어 구우면 되기 때문에 전 세계적으로 널리 사랑받는 형태의 쿠키예요.

재료

지름 4cm 쿠키
약 20개 분량

무염버터 80g, 슈가파우더 38g, 계란 28g, 박력분 80g, 옥수수 전분 10g, 코코아 파우더 15g, 아몬드 슬라이스 45g, 소금 한 꼬집

미리 준비하기

- 모든 재료는 실온 상태로 준비하세요.
- 박력분, 옥수수 전분, 코코아 파우더는 잘 섞어서 체에 쳐 주세요.
- 오븐을 실제 굽는 온도보다 20~30도 높게 최소 20분 이상 충분히 예열해 주세요.
- 아몬드 슬라이스는 노릇해질 때까지 160도에 5분 정도 구운 후 식혀 두세요.

만드는 법

1 실온 상태의 부드러운 무염버터를 핸드믹서로 가볍게 풀어 주세요.

2 1 에 슈가파우더와 소금을 넣고, 색이 약간 밝아지고 부피가 살짝 늘어날 때까지 핸드믹서로 섞어 주세요.

3 2 에 실온 상태의 계란을 두 번에 나눠서 넣어가며 계란이 반죽에 잘 섞일 때까지 가볍게 섞어 주세요.

4 3 에 체 쳐둔 박력분, 옥수수 전분, 코코아 파우더를 넣고 주걱으로 가볍게 섞어 주세요.

5 4 에 구워서 식힌 아몬드 슬라이스를 넣고 골고루 잘 섞어서 반죽을 완성해 주세요.

6 완성된 반죽을 랩에 돌돌 말아 키친타월 심 안쪽으로 통과시켜서 모양을 둥글게 잡아 주세요.

7 반죽을 키친타월 심 안에 넣어서 단단해질 때까지 냉장고에서 3시간 또는 냉동실에서 1시간 정도 굳혀 주세요.

» 시간 여유가 있으시면 냉동실보다 냉장고에서 굳혀 주시면 더 단정한 모양으로 예쁘게 썰 수 있어요.

8 칼로 반죽을 약 1cm 두께로 썰고, 종이호일이나 테프론 시트를 깐 팬 위에 간격을 두고 팬닝해 주세요.

9 미리 예열한 오븐에 170도에서 15~17분 동안 구워 주세요.

3	5
6	8

▲ HOW TO MAKE

보관

- 완전히 식힌 후 밀폐용기에 담거나 개별 포장하여 실온 약 5~6일, 냉동 1달 정도 보관 가능합니다.

통밀 쿠키

▲ GO TO VIDEO

달지 않고 담백한 통밀쿠키예요. 이 쿠키는 그냥 먹어도 맛있지만 치즈케이크 바닥을 만들 때나 타르트/파이를 만들 때 시판 통밀과자 대신 유용하게 활용할 수 있어요. 레시피에서는 푸드프로세서를 사용하여 반죽을 만들었는데 푸드프로세서가 없을 경우 일반적인 쿠키 만드는 방식을 따라 버터를 크림화 하여 만드셔도 좋아요.

재료
쿠키 약 80개 분량

무염버터 120g, 머스코바도 60g, 통밀가루 170g, 박력분 80g, 베이킹파우더 3g, 소금 2g, 우유 62g

미리 준비하기

- 모든 재료는 차갑게 준비해 주세요.
- 버터는 정육면체 모양으로 썰어서 준비하세요.
- 오븐을 실제 굽는 온도보다 20~30도 높게 최소 20분 이상 충분히 예열해 주세요.

만드는 법

1 푸드프로세서에 잘게 썬 차가운 무염버터와 통밀가루, 박력분, 베이킹파우더, 머스코바도, 소금을 넣어 주세요.

2 푸드프로세서를 3초씩 끊어가면서 작동시켜서 버터 입자가 보이지 않을 때까지 갈아 주세요.

3 2 에 차가운 우유를 넣고 반죽이 뭉치기 시작할 때까지 푸드프로세서를 3초씩 끊어서 작동시켜 주세요.

4 반죽이 거의 다 뭉쳐지면 작업대 위로 반죽을 옮겨서 손을 이용해 한 덩어리로 가볍게 뭉쳐 주세요.

5 완성된 반죽에 덧가루(강력분)를 조금씩 뿌려 가면서 반죽을 3mm 두께로 밀어 펴 주세요.

» 강력분은 입자가 크고 무거워서 박력분보다 더 잘 흩뿌려지고, 반죽에도 덜 스며들기 때문에 덧가루로 강력분을 사용합니다.

CHECK POINT. 6

6 반죽을 원하는 모양의 쿠키커터로 찍어낸 후 타공 매트 위에 간격을 두고 팬닝해 주세요.

» 쿠키커터에 덧가루를 가볍게 묻힌 후 찍어내면 반죽이 쿠키커터에 달라붙지 않아요.

» 타공 매트는 미세한 구멍이 뚫려 있어 구워지면서 쿠키 반죽의 형태 변형을 최소화해 줘요. 없다면 종이호일이나 테프론 시트를 사용하셔도 무방합니다.

7 예열한 오븐에 160도에서 14분 동안 구워 주세요.

2	4
5	6

▲ HOW TO MAKE

보관

• 완전히 식힌 후 밀폐용기에 담거나 개별 포장하여 실온 약 4~5일, 냉동 약 1달 정도 보관 가능합니다.

메이플 크림 샌드 쿠키

▲ GO TO VIDEO

메이플 샌드 쿠키는 제가 참 좋아하는 디저트 중 하나인데요. 보통 메이플 쿠키 레시피를 보면 메이플 슈거가 들어가는데, 한국에서는 구하기 힘든 재료이기 때문에 메이플 시럽만을 사용해 간단하게 만들어 볼 수 없을까 하는 생각에 만들게 된 레시피예요. 이때 사용하는 메이플 시럽은 색이 진할수록 강한 메이플 풍미를 띄기 때문에 색이 진한 시럽을 사용하는 것이 좋아요. 색이 연한 시럽은 그냥 먹기에는 좋지만 베이킹에 사용하면 맛과 향이 약해서 존재감이 너무 약할 수 있으니 주의하세요.

재료

샌드 쿠키 약 20~25개 분량

메이플 쿠키

무염버터 100g, 메이플 시럽 65g, 중력분 180g, 소금 1g

메이플 버터크림

무염버터 55g, 슈가파우더 25g, 메이플 시럽 15g, 바닐라 익스트랙 1g

미리 준비하기

- 모든 재료는 실온 상태로 준비하세요.
- 중력분은 체에 쳐 주세요.
- 오븐을 실제 굽는 온도보다 20~30도 높게 최소 20분 이상 충분히 예열해 주세요.

만드는 법

메이플 쿠키

1 실온 상태의 무염버터를 가볍게 풀어 주세요.

2 1 에 메이플시럽, 소금을 넣고 색이 살짝 밝아질 때까지 핸드믹서로 가볍게 섞어 주세요.

3 체에 친 중력분을 넣고 주걱으로 가볍게 섞어서 한 덩어리로 만들어 주세요.

4 완성된 반죽 양쪽에 종이호일 또는 비닐 두 장을 놓고 밀대를 사용해 3mm 두께로 밀어 펴 주세요.

5 밀어 편 반죽을 냉동실에서 완전히 차갑고 단단해질 때까지 약 1시간 휴지해 주세요.

6 차갑고 단단해진 반죽을 원하는 모양의 쿠키커터로 찍어내 주세요.

» 쿠키커터에 덧가루를 가볍게 묻힌 후 찍어내면 반죽이 쿠키커터에 달라붙지 않아요.

7 타공 매트 위에 간격을 두고 팬닝한 후, 예열한 오븐에 160도에서 12분 동안 구워 주세요.

» 타공 매트는 미세한 구멍이 뚫려 있어 구워지면서 쿠키 반죽의 형태 변형을 최소화해 줘요. 없다면 종이호일이나 테프론 시트를 사용하셔도 무방합니다.

2	4
4	5
6	6

▲ HOW TO MAKE

메이플 버터크림

1 실온 상태의 부드러운 무염버터와 슈가파우더를 볼에 넣고, 크림처럼 부드럽고 색이 밝아질 때까지 휘핑해 주세요.

2 1 에 메이플 시럽과 바닐라 익스트랙을 넣고 잘 섞어 주세요.

3 완성된 크림을 짤주머니에 담아 식힌 쿠키 두 개 사이에 샌드하세요.

2	3

▲ HOW TO MAKE

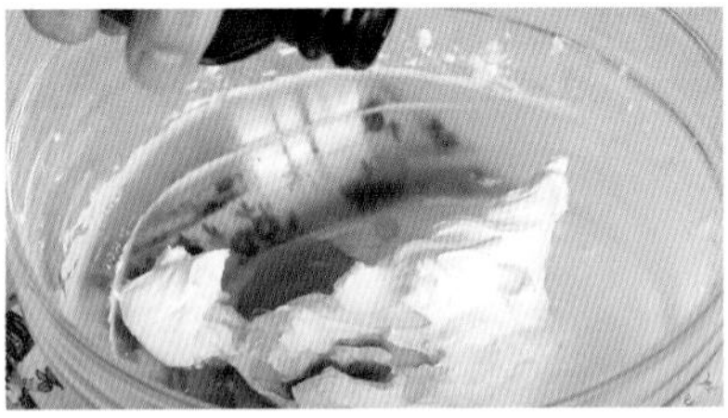

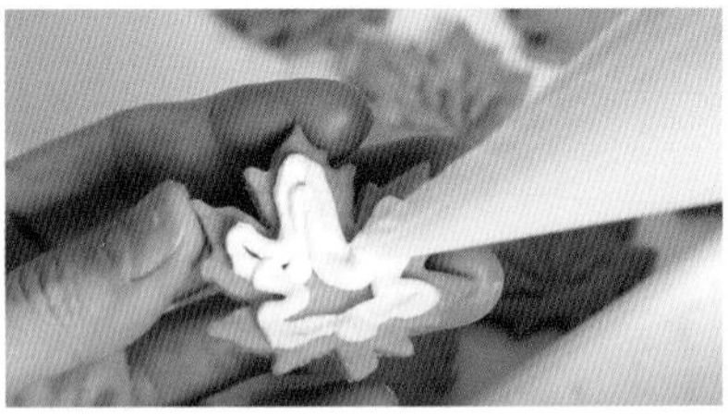

보관

- 밀폐용기에 담거나 개별 포장하여 실온 약 3일, 냉동 1달 정도 보관 가능합니다.

린저 쿠키

▲ GO TO VIDEO

린저(Linzer)란 오스트리아 린츠(Linz)라는 도시에서 유래한 이름으로, 반죽에는 헤이즐넛 파우더(또는 아몬드)와 시나몬이 들어가고, 베리류로 만든 잼을 중간에 샌드하는 것이 특징이예요. 좀 더 부드러운 식감의 큰 타르트 모양을 하고 있는 '린저 토르테'라는 케이크가 더 유명하지만, 이렇게 같은 맛의 조합을 쿠키 버전으로도 많이 만들곤 해요. 시나몬이 들어간 따뜻한 쿠키의 맛과 스테인드 글라스 같은 모양이 크리스마스에 잘 어울리는 쿠키랍니다.

재료

지름 4.5cm 쿠키
약 20개 분량

라즈베리 잼
냉동 라즈베리 100g, 백설탕 60g , 레몬즙 6g

린저 쿠키
무염버터 75g, 백설탕 55g, 계란 노른자 13g, 박력분 105g, 아몬드 파우더 55g, 헤이즐넛 파우더 15g, 시나몬 파우더 1g, 바닐라 익스트랙 2g, 소금 한 꼬집

미리 준비하기

- 모든 재료는 실온 상태로 준비하세요.
- 박력분, 아몬드 파우더, 헤이즐넛 파우더, 시나몬 파우더는 잘 섞어서 체에 쳐 주세요.
- 오븐을 실제 굽는 온도보다 20~30도 높게 최소 20분 이상 충분히 예열해 주세요.

만드는 법

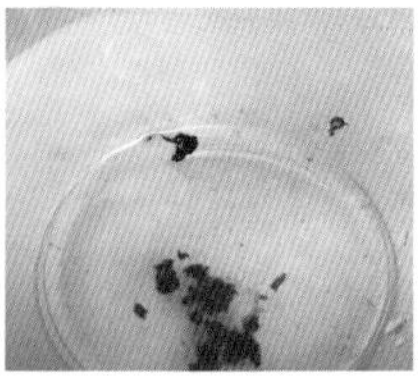

CHECK POINT. 2

2	3

▲ HOW TO MAKE

라즈베리 잼

1 냄비에 냉동 라즈베리, 백설탕을 담고 완전히 해동해 주세요.

2 1 을 센 불에서 주걱으로 잘 저어 가면서 3~4분 정도 끓여 주세요.

» 잼을 찬물에 떨어뜨려 보았을 때 풀어지지 않고 형태를 유지하는 정도면 됩니다.

3 레몬즙을 넣고 불을 끈 후, 쿠키에 샌드하기 전까지 완전히 식혀 주세요.

린저 쿠키

1 실온 상태의 부드러운 무염버터를 가볍게 풀어 주세요.

2 1 에 백설탕, 소금을 넣고 버터의 색이 살짝 밝아질 때까지 가볍게 섞어 주세요.

3 2 에 실온 상태의 계란 노른자, 바닐라 익스트랙을 넣고 잘 섞일 때까지 섞어 주세요.

4 3 에 체 쳐둔 박력분, 아몬드 파우더, 헤이즐넛 파우더, 시나몬 파우더를 넣고 주걱으로 가볍게 섞어서 반죽을 마무리해 주세요.

5 완성된 반죽 앞뒤로 종이호일이나 비닐 두 장을 놓고 밀대를 이용해 2mm 두께로 밀어 펴 주세요.

6 밀어 편 반죽을 냉동실에서 완전히 단단해질 때까지 30분~1시간 휴지해 주세요.

7 차갑고 단단해진 반죽을 원형 주름 모양 쿠키커터로 찍어내 주세요. 그중 절반에는 가운데에 더 작은 크기의 원형 쿠키커터로 구멍을 내주세요.

» 쿠키커터에 덧가루를 가볍게 묻힌 후 찍어내면 반죽이 쿠키커터에 달라붙지 않아요.

8 찍어낸 반죽을 타공 매트 위에 간격을 두고 팬닝한 후, 160도에서 12분 동안 구워 주세요.

» 타공 매트는 미세한 구멍이 뚫려 있어 구워지면서 쿠키 반죽의 형태 변형을 최소화해 줘요. 없다면 종이호일이나 테프론 시트를 사용하셔도 무방합니다.

9 완전히 식힌 원형 쿠키 위에 라즈베리 잼을 바르고, 도넛 모양 쿠키로 덮어서 샌드해 주세요.

4	5
6	7
7	8
9	9

▲ HOW TO MAKE

보관

- 밀폐용기에 담거나 개별 포장하여 실온 1~2일, 냉동 1달 정도 보관 가능합니다.

스페퀼로스 쿠키

▲ GO TO VIDEO

우리나라에서는 시판 과자 '로투스'로 더 유명한 쿠키예요. 벨기에, 네덜란드, 독일 등지에서 만들어 먹기 시작했으며 시나몬, 넛맥, 클로브 등 여러 가지 향신료를 블렌딩하여 사용하는 것이 특징이랍니다. 스페퀼로스는 고급스럽고 향긋한 맛이 나서 향신료를 별로 좋아하지 않는 분들도 맛있게 드실 만한 과자예요. 시판 로투스 쿠키보다 설탕양이 훨씬 적어 더 담백한 맛으로 드실 수 있으실 거예요.

재료
가로×세로 7.3×4.2cm 쿠키 약 16개 분량

무염버터 90g, 백설탕 15g, 머스코바도 40g, 소금 1g, 바닐라 익스트랙 2g, 우유 10g, 중력분 135g, 베이킹파우더 2g, 시나몬 파우더 2g, 넛맥 0.2g(두 꼬집 정도), 클로브 0.2g(두 꼬집 정도), 생강 가루 0.2g(두 꼬집 정도), 올스파이스 0.2g(두 꼬집 정도)

미리 준비하기

- 모든 재료는 실온 상태로 준비하세요.
- 중력분, 베이킹파우더, 시나몬 파우더, 넛맥, 클로브, 생강 가루, 올스파이스는 함께 섞어서 체 쳐 두세요.
- 오븐을 실제 굽는 온도보다 20~30도 높게 최소 20분 이상 충분히 예열해 주세요.

만드는 법

1 실온 상태의 부드러운 버터를 볼에 담아 가볍게 풀어 주세요.

2 1 에 백설탕, 머스코바도, 소금을 넣고 색이 약간 밝아지고 부피가 커질 때까지 섞어 주세요.

3 2 에 실온 상태의 우유, 바닐라 익스트랙을 넣고 골고루 섞어 주세요.

4 3 에 체 쳐둔 중력분과 베이킹파우더, 여러 가지 향신료를 넣고 주걱으로 가볍게 섞어서 반죽을 마무리해 주세요.

5 비닐 두 장 사이에 반죽을 놓고, 밀대로 4mm 두께로 밀어 주세요.

6 반죽이 차갑고 단단해질 때까지 냉동실에서 30분 정도 휴지해 주세요.

7 차가워진 반죽을 꺼내서 쿠키커터를 이용해 원하는 모양으로 찍어내 주세요.

» 쿠키커터에 덧가루를 가볍게 묻힌 후 찍어내면 반죽이 쿠키커터에 달라붙지 않아요.

8 타공 매트 위에 간격을 두고 팬닝한 후, 예열한 오븐에 170도에서 14분 동안 구워 주세요.

» 타공 매트는 미세한 구멍이 뚫려 있어 구워지면서 쿠키 반죽의 형태 변형을 최소화해 줘요. 없다면 종이호일이나 테프론 시트를 사용하셔도 무방합니다.

3	5
7	8

▲ HOW TO MAKE

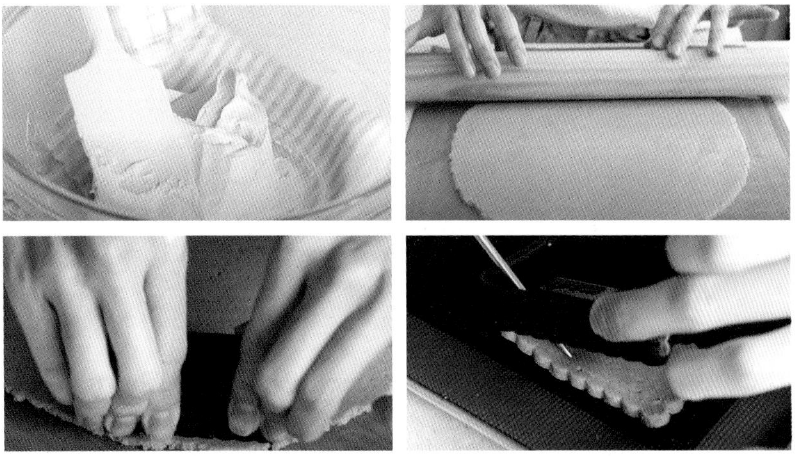

보관

- 밀폐용기에 담거나 개별 포장하여 실온 3~4일, 냉동 1달 정도 보관 가능합니다.

진저브레드 쿠키

▲ GO TO VIDEO

진저브레드 쿠키는 크리스마스를 대표하는 쿠키라고 해도 과언이 아니죠. 이 쿠키 반죽으로 트리에 거는 진저맨 오너먼트나 진저브레드 과자집을 만들 수 있어요. 몸을 따뜻하게 해 주는 생강과 시나몬이 들어가 맛 또한 겨울에 아주 잘 어울립니다.

재료

지름 약 8cm
쿠키 8개 분량

무염버터 70g, 황설탕 60g, 소금 2g, 계란 30g, 꿀 35g, 당밀 25g, 중력분 200g, 베이킹 소다 2g, 생강 가루 2g, 시나몬 파우더 1g

미리 준비하기

- 모든 재료는 실온 상태로 준비하세요.
- 중력분, 베이킹 소다, 생강 가루, 시나몬 파우더는 함께 섞어서 체 쳐 두세요.
- 오븐을 실제 굽는 온도보다 20~30도 높게 최소 20분 이상 충분히 예열해 주세요.

만드는 법

1 실온 상태의 부드러운 버터를 가볍게 풀어 주세요.

2 1에 황설탕과 소금을 넣고 버터 색이 약간 밝아지고 부피가 커질 때까지 섞어 주세요.

3 2에 실온 상태의 계란을 두 번에 나눠서 넣어가며 섞어 주세요.

4 3에 꿀과 당밀을 넣고 잘 섞일 때까지 가볍게 섞어 주세요.

5 4 에 체 친 중력분, 베이킹 소다, 생강 가루, 시나몬 파우더를 넣고 주걱으로 가볍게 섞어서 반죽을 마무리해 주세요.

6 반죽 양쪽에 종이호일이나 비닐 두 장을 놓고 밀대를 이용해 5mm 두께로 밀어 주세요.

7 반죽이 완전히 단단해질 때까지 냉동실에서 20~30분 동안 굳혀 주세요.

8 원하는 모양의 쿠키커터로 찍어낸 후, 예열된 오븐에서 160도로 10분 동안 구워 주세요.

» 쿠키커터에 덧가루를 가볍게 묻힌 후 찍어내면 반죽이 쿠키커터에 달라붙지 않아요.

» 쿠키에 꿀과 당밀이 많이 들어있어 타기 쉽기 때문에 다른 쿠키보다 굽는 시간이 조금 짧아요.

» 쿠키가 작고 두께가 얇으면 굽는 시간을 줄이고, 쿠키 크기가 크고 두꺼우면 굽는 시간을 늘려 주세요.

3	4
5	6
8	8

▲ HOW TO MAKE

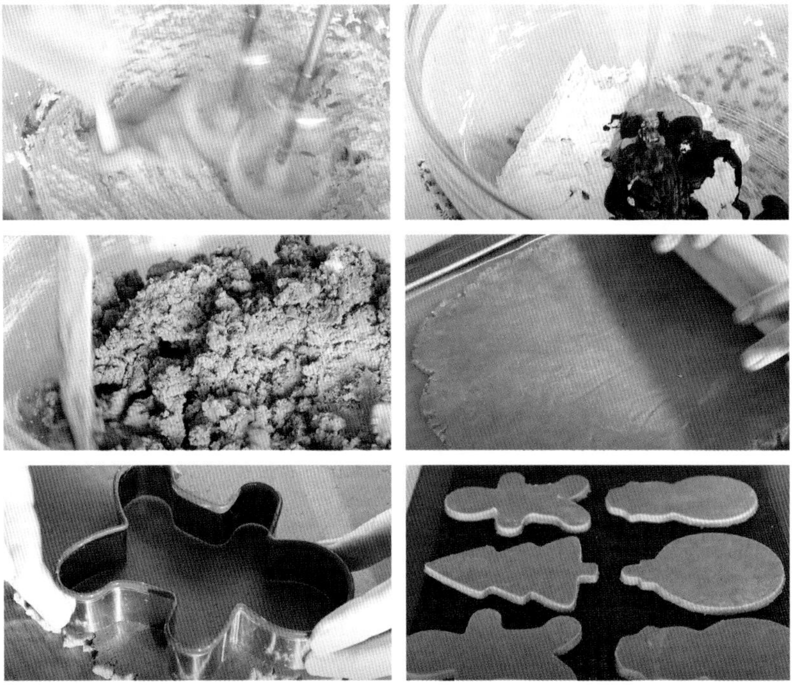

보관

• 밀폐용기에 담거나 개별 포장하여 실온 5~6일, 냉동 1달 정도 보관 가능합니다.

바치 디 다마 쿠키

▲ GO TO VIDEO

이탈리아 전통 쿠키인 '바치 디 다마'는 이탈리아어로 '여인의 키스'라는 뜻인데, 동그란 쿠키 두 개가 샌드된 모양이 입술을 닮아서 붙여진 이름이라고 해요. 초콜릿과 헤이즐넛이 부드럽게 잘 어우러져, 따뜻한 차나 커피와 함께하면 더욱 맛있을 쿠키예요. 헤이즐넛 파우더가 없으실 경우 아몬드 가루로 대체하여 만드셔도 맛있어요.

재료

샌드 쿠키 약 27~30개 분량

무염버터 110g, 슈가파우더 35g, 박력분 135g, 헤이즐넛 파우더 70g, 소금 한 꼬집, 다크 커버춰 20g

미리 준비하기

- 모든 재료는 실온 상태로 준비하세요.
- 박력분과 헤이즐넛 파우더는 함께 체를 쳐 두세요.
- 오븐을 실제 굽는 온도보다 20~30도 높게 최소 20분 이상 충분히 예열해 주세요.

만드는 법

1 실온 상태의 부드러운 버터를 거품기로 가볍게 풀어 주세요.

2 1에 슈가파우더와 소금을 넣고 잘 섞일 때까지 거품기로 섞어 주세요.

» 이때 너무 많이 섞으면 반죽에 공기가 많이 들어가 굽고 나서 쿠키가 납작하게 퍼지고, 섞는 것이 부족하면 퍽퍽한 식감이 되기 쉬워요. 버터의 색이 약간 밝아질 때까지만 가볍게 섞어 주세요.

3 2 에 체에 친 박력분과 헤이즐넛 파우더를 넣고 주걱으로 자르듯이 가볍게 섞어 반죽을 완성해 주세요.

4 완성된 반죽을 개당 6g씩 분할해서 공 모양으로 둥글게 빚어 주세요.

5 팬에 유산지나 테프론 시트를 깔고 팬닝한 후 냉동실에 20분 정도 두어 단단하게 굳혀 주세요.

6 예열한 오븐에 160도에서 18분 동안 구워 주세요.

7 다크 초콜릿을 녹여서 짤주머니에 담고, 완전히 식은 쿠키 두 개 사이에 샌드해서 굳혀 주세요.

» 이때 쿠키를 냉동실에 잠시 두어 차갑게 만든 후 초콜릿을 샌드하면 초콜릿이 흐르지 않고 빨리 굳어 훨씬 수월해요.

3	4
4	5
7	7

▲ HOW TO MAKE

보관

- 밀폐용기에 담거나 개별 포장하여 실온 4~5일, 냉동 1달 정도 보관 가능합니다.

파마산 치즈 쿠키

▲ GO TO VIDEO

술안주로 짭짤한 과자를 먹는 걸 좋아하는데, 직접 만들어 볼 수는 없을까 하는 생각에 만들게 된 과자예요. 맵고 알싸한 통후추와 짭짤한 파마산 치즈가 중독성 있는 맛이에요. 일반적인 쿠키와는 맛이 전혀 달라서 기호에 따라 호불호가 있을 수 있지만 개인적으로 정말 좋아하는 쿠키 중 하나랍니다.

재료

가로×세로 8×2cm
쿠키 약 30개 분량

무염버터 75g, 계란 50g, 백설탕 25g, 소금 2g, 박력분 135g, 통후추 5g, 파마산 블럭 치즈 60g, 여분의 파마산 블럭 치즈 적당량(위에 뿌릴 용도)

미리 준비하기

- 모든 재료는 실온 상태로 준비하세요.
- 박력분은 체를 쳐 두세요.
- 통후추는 굵게 갈아 두세요.
- 파마산 블럭 치즈는 그레이터를 사용해 곱게 갈아 두세요.
- 오븐을 실제 굽는 온도보다 20~30도 높게 최소 20분 이상 충분히 예열해 주세요.

만드는 법

1 무염버터를 볼에 담아 전자레인지 또는 중탕으로 액체 상태로 녹여 주세요.

2 1 에 백설탕, 소금, 간 통후추, 곱게 간 파마산 치즈를 넣고 거품기로 가볍게 섞어 주세요.

3 2 에 실온 상태의 계란을 넣고 거품기로 섞어 주세요.

4 3 에 체 친 박력분을 넣고 주걱으로 자르듯이 가볍게 섞어 한 덩어리로 만들어 주세요.

5 완성된 반죽을 지퍼백에 넣어 3mm 두께로 밀어 편 후, 완전히 단단해질 때까지 냉동실에서 휴지해 주세요.

6 긴 직사각형(가로x세로 8cmx2cm)으로 재단하여 팬닝해 주세요.

7 치즈 그레이터를 이용해 쿠키 반죽 표면에 파마산 치즈를 갈아 뿌린 후, 예열한 오븐에서 180도로 12분 동안 구워 주세요.

8 구워져 나온 쿠키가 뜨거울 때 파마산 치즈를 그레이터로 갈아 뿌려서 장식해 주세요.

4	5
6	8

▲ HOW TO MAKE

보관

• 완전히 식은 후 밀폐용기에 담거나 개별 포장하여 실온 약 5~6일, 냉동 1달 정도 보관 가능합니다.

마가렛트 쿠키

▲ GO TO VIDEO

대기업 과자와 거의 흡사한 맛이 나는 쿠키예요. 이 쿠키는 안쪽이 부드러워야 하기 때문에, 가운데까지 완전히 익으면 퍽퍽한 느낌이 나므로 굽는 시간을 잘 조절하는 것이 중요해요. 그리고 가운데까지 수분이 전체적으로 고루 퍼질 수 있게 하루 정도 밀봉해 둔 후 드시면 더 촉촉하게 드실 수 있어요.

재료

지름 6.5cm 쿠키
12개 분량

무염버터 80g, 아몬드 버터 15g, 백설탕 55g, 꿀 8g, 계란 35g, 박력분 115g, 아몬드 가루 55g, 베이킹파우더 2g, 다진 땅콩 20g, 소금 한 꼬집, 계란 노른자 약간, 커피 엑기스 약간(윗면에 바를 용도)

미리 준비하기

- 모든 재료는 실온 상태로 준비하세요.
- 박력분, 아몬드 가루, 베이킹파우더는 함께 섞어서 체 쳐 두세요.
- 오븐을 실제 굽는 온도보다 20~30도 높게 최소 20분 이상 충분히 예열해 주세요.
- 다진 땅콩은 마른 프라이팬에 살짝 볶거나 오븐에서 160도로 5~6분 구운 후 식혀 두세요.

만드는 법

1 실온 상태의 부드러운 무염버터와 아몬드 버터를 볼에 담아 거품기로 가볍게 풀어 주세요.

2 1에 백설탕, 꿀, 소금을 넣고 버터의 색이 약간 밝아질 때까지 섞어 주세요.

3 2에 실온 상태의 차갑지 않은 계란을 2~3번에 나눠 넣어가며 섞어 주세요.

4 3에 체 친 박력분과 아몬드 가루, 베이킹파우더를 넣고 주걱으로 가볍게 섞어 주세요.

5 4에 땅콩을 넣고 골고루 섞어 반죽을 마무리해 주세요.

6 완성된 반죽을 30g씩 분할해서 둥글고 납작한 모양으로 빚은 후 팬 위에 올려 주세요.

7 스크래퍼로 반죽 표면에 격자무늬를 내주세요.

8 계란 노른자와 커피 엑기스를 섞어서 표면에 붓으로 얇게 발라 주세요.

» 커피 엑기스는 윗면에 더 진한 구움색을 내 주지만, 없다면 생략해도 됩니다.

9 예열한 오븐에 170도에서 8분 동안 구워 주세요.

3	5
6	6
7	8

▲ HOW TO MAKE

보관

- 밀폐용기에 담거나 개별 포장해서 실온 약 3~4일, 냉동 1달 정도 보관 가능합니다.

레드벨벳 크림치즈 쿠키

▲ GO TO VIDEO

레드벨벳 케이크를 그대로 쿠키로 옮겨놓은 듯한 촉촉하고 진한 쿠키예요. 이 쿠키는 어떻게 보관해서 먹느냐에 따라 식감이 많이 달라지는데, 실온에 두고 드시면 케이크처럼 촉촉한 식감으로, 차갑게 해서 드시면 꾸덕한 느낌으로 드실 수 있어요. 요즘 구움과자를 '얼먹'하는 것이 유행인데, 냉동실에 얼려 두었다가 드셔도 색다른 느낌으로 드실 수 있어요.

재료

지름 8cm 쿠키 9개 분량

크림치즈 필링

크림치즈 180g, 슈가파우더 30g

레드벨벳 쿠키

무염버터 113g, 백설탕 85g, 전란 50g, 바닐라 익스트랙 2g, 중력분 160g, 코코아 파우더 26g, 베이킹 소다 1g, 소금 한 꼬집, 레드 식용색소 약간

미리 준비하기

- 모든 재료는 실온 상태로 준비하세요.
- 중력분, 코코아 파우더, 베이킹 소다는 함께 섞어서 체 쳐 두세요.
- 오븐을 실제 굽는 온도보다 20~30도 높게 최소 20분 이상 충분히 예열해 주세요.

만드는 법

크림치즈 필링

1 실온 상태의 부드러운 크림치즈를 볼에 담아 주걱으로 눌러서 가볍게 풀어 주세요.

2 1 에 슈가파우더를 넣고 휘저어서 섞어 주세요.

3 스쿱을 사용해서 20g씩 동그랗게 소분하여 냉동실에 단단하게 얼려 두세요.

» 적당한 크기의 스쿱이 없을 경우, 반죽을 먼저 단단하게 굳힌 후 모양을 잡아 주세요.

3 3

▲ HOW TO MAKE

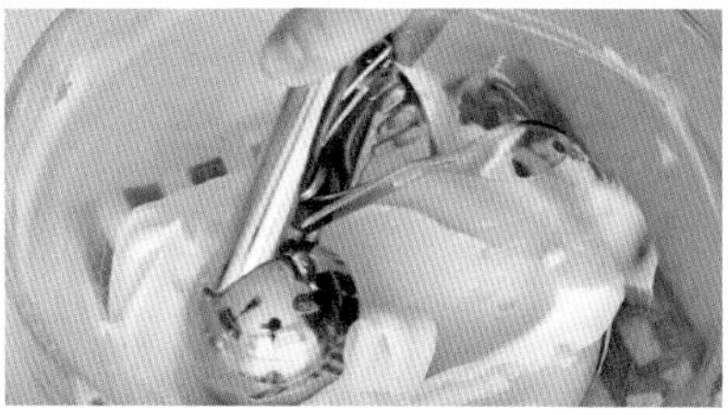

레드벨벳 쿠키

1 실온 상태의 부드러운 무염버터를 가볍게 풀어 주세요.

2 1 에 백설탕, 소금을 넣고 핸드믹서로 버터 색이 약간 밝아질 때까지 가볍게 섞어 주세요.

3 2 에 실온 상태의 계란, 바닐라 익스트랙을 2~3번에 나눠 넣어가며 핸드믹서로 섞어 주세요.

4 3 에 빨간색 색소를 적당량 넣어 붉은색을 내주세요.

5 4 에 체 쳐둔 중력분, 코코아 파우더, 베이킹 소다를 넣고 주걱으로 가볍게 섞어 반죽을 마무리해 주세요.

6 반죽을 개당 45~50g씩 떼어 둥글고 납작한 모양으로 만든 후 얼린 크림치즈를 올려놓고 크림치즈가 약간 보이도록 감싸 주세요.

7 팬 위에 간격을 충분히 두고 팬닝한 후, 예열한 오븐에 170도에서 10분 동안 구워 주세요.

3	4
5	6
6	7

▲ HOW TO MAKE

보관

- 밀폐용기에 담거나 개별 포장하여 실온 1일, 냉동 3주 정도 보관 가능합니다.
- 실온에서는 크림치즈가 상하기 쉬우니 이튿날부터는 가급적이면 냉동 보관을 추천합니다.

콘쿠키

▲ GO TO VIDEO

미국에서는 감자칩이나 콘플레이크, 프렛즐 등 다양한 기성품 식재료들을 아메리칸 쿠키 반죽에 섞어 넣어 굽는 레시피가 많아요. 단지 간단한 쿠키 반죽에 콘플레이크를 넣어서 함께 구웠을 뿐인데, 쫀득하면서 바삭바삭한 식감과 고소한 옥수수 맛이 나는 신기한 쿠키예요. 이 쿠키를 만드실 때는 반드시 달지 않은 기본 콘플레이크를 사용하셔야 맛있는데, 설탕이 첨가된 콘플레이크는 식감이 더 딱딱하고 두툼해서 쿠키의 당도뿐 아니라 전체적인 쿠키의 느낌이 많이 달라질 수 있답니다.

재료
지름 8cm 쿠키
약 10개 분량

무염버터 115g, 백설탕 100g, 계란 42g, 박력분 145g, 베이킹파우더 3g, 소금 3g, 콘플레이크 60g, 겉에 묻힐 여분의 콘플레이크 약간

미리 준비하기

- 모든 재료는 실온 상태로 준비하세요.
- 박력분, 베이킹파우더는 함께 섞어서 체 쳐 두세요.
- 오븐을 실제 굽는 온도보다 20~30도 높게 최소 20분 이상 충분히 예열해 주세요.

만드는 법

1 실온 상태의 부드러운 버터를 핸드믹서로 가볍게 풀어 주세요.
2 1 에 백설탕, 소금을 넣고 핸드믹서로 버터 색이 약간 밝아질 때까지 섞어 주세요.

3 2에 실온 상태의 계란을 2~3번에 나눠서 넣어가며 섞어 주세요.

4 3에 체 쳐둔 박력분과 베이킹파우더를 넣고 가루가 거의 보이지 않을 때까지 섞어 주세요.

5 콘플레이크를 넣고 주걱으로 골고루 섞어서 반죽을 마무리해 주세요.

6 여분의 콘플레이크를 볼에 담고, 지름 5cm 쿠키스쿱으로 반죽을 떠서 콘플레이크 위에 놓고 굴려 표면에 꼼꼼히 묻혀 주세요.

7 쿠키 반죽을 팬 위에 간격을 충분히 두고 팬닝한 후, 예열한 오븐에 170도에서 14분 동안 구워 주세요.

» 이 쿠키는 충분히 구워 주어야 콘플레이크가 눅눅하거나 질기지 않고 바삭바삭한 식감이 살아서 맛있어요.

3	5
6	6
7	7

▲ HOW TO MAKE

보관

• 밀폐용기에 담거나 개별 포장하여 실온 약 4~5일, 냉동 1달 정도 보관 가능합니다.

오트밀 레이즌 쿠키

▲ GO TO VIDEO

몸에 좋은 오트밀을 잔뜩 사용한 쿠키예요. 보통의 쿠키에 비해 부재료 양이 상당히 많은 편으로, 담백한 오트밀과 쫀득한 레이즌, 바삭바삭한 코코넛, 호두의 조화가 좋아요. 아메리칸 쿠키는 아무래도 쿠키 반죽 자체의 당도가 높은 편인데, 이 쿠키는 반죽보다 부재료의 양이 많아서 다른 쿠키에 비해 많이 달지 않은 편이라 어른들도 참 좋아하세요.

재료

지름 8cm 쿠키
약 12개 분량

무염버터 100g, 백설탕 40g, 머스코바도 50g, 계란 40g, 박력분 140g, 시나몬 파우더 1g, 베이킹 소다 2g, 베이킹파우더 1g, 소금 1g, 캘리포니아 레이즌 90g, 오트밀 70g, 코코넛롱 30g, 다진 호두 30g

미리 준비하기

- 모든 재료는 실온 상태로 준비하세요.
- 박력분, 시나몬 파우더, 베이킹 소다, 베이킹파우더는 함께 섞어서 체 쳐 두세요.
- 오븐을 실제 굽는 온도보다 20~30도 높게 최소 20분 이상 충분히 예열해 주세요.
- 다진 호두는 오븐에서 160도로 6~8분 동안 노릇하게 구워서 식혀 두세요.

만드는 법

1 실온에 둔 부드러운 버터를 가볍게 풀어 주세요.
2 1 에 흰설탕, 머스코바도, 소금을 넣고 핸드믹서로 버터 색이 약간 밝아질 때까지 섞어 주세요.

3 2 에 실온 상태의 계란을 2~3번에 나눠서 넣어가며 섞어 주세요.

4 체에 친 박력분, 시나몬 파우더, 베이킹 소다, 베이킹파우더를 넣고 가루가 거의 보이지 않을 때까지 주걱으로 가볍게 섞어 주세요.

5 4 에 레이즌, 오트밀, 코코넛롱, 다진 호두를 넣고 고루 섞어서 반죽을 마무리해 주세요.

6 지름 5cm 쿠키스쿱으로 팬닝하고 윗면을 살짝 눌러준 후, 예열한 오븐에 170도에서 12분 동안 구워 주세요.

3	5
6	6
6	

▲ HOW TO MAKE

보관

- 밀폐용기에 담거나 개별 포장하여 실온 약 4~5일, 냉동 1달 정도 보관 가능합니다.

브라운버터 초코칩 쿠키

▲ GO TO VIDEO

버터를 갈색이 될 때까지 가열한 브라운 버터를 사용해 고소한 풍미가 전체적인 맛을 한층 업그레이드 해주는 특별한 쿠키예요. 이 쿠키는 다른 보통의 쿠키들과 다르게 강력분을 사용해서 만드는데, 겉부분은 바삭하고, 안쪽 부분은 쫀득한 아메리칸 쿠키의 식감을 극대화해 줘요.

재료

지름 약 9cm 쿠키
10~11개 분량

무염버터 113g, 백설탕 40g, 머스코바도 110g, 계란 50g, 바닐라 익스트랙 3g, 강력분 150g, 베이킹파우더 1g, 베이킹 소다 3g, 소금 1g, 다크 커버춰 110g

미리 준비하기

- 모든 재료는 실온 상태로 준비하세요.
- 강력분과 베이킹파우더, 베이킹 소다는 함께 섞어서 체 쳐 두세요.
- 오븐을 실제 굽는 온도보다 20~30도 높게 최소 20분 이상 충분히 예열해 주세요.

만드는 법

tip 브라운 버터(헤이즐넛 버터) 참고 p130

1 무염버터를 갈색이 될 때까지 중불로 가열해서 헤이즐넛 버터(브라운 버터)를 만들어 45~50도까지 식혀 주세요.

2 1 에 흑설탕, 백설탕, 소금을 넣고 거품기로 가볍게 섞어 주세요.

3 2에 실온 상태의 계란과 바닐라 익스트랙을 넣고 거품기로 골고루 섞어 주세요.

» 계란이 차가우면 녹인 버터의 온도가 내려가면서 반죽이 굳어버릴 수 있으니 반드시 찬기를 뺀 실온 상태의 계란을 사용해 주세요.

4 3에 체 쳐둔 강력분, 베이킹파우더, 베이킹 소다를 넣고 가루가 보이지 않을 때까지 가볍게 섞어 주세요.

5 4에 다크 커버춰 초콜릿을 넣고 가볍게 섞어서 반죽을 마무리해 주세요.

6 반죽이 약간 굳을 때까지 냉장고에서 30분~1시간 휴지하세요.

7 지름 5cm 쿠키스쿱으로 팬닝하고 윗면을 살짝 눌러준 후, 예열한 오븐에 170도에서 9분 동안 구워 주세요.

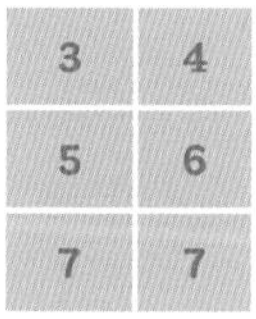

▲ HOW TO MAKE

보관

- 밀폐용기에 담거나 개별 포장하여 실온 약 4~5일, 냉동 1달 정도 보관 가능합니다.

말차 화이트초코 마카다미아 쿠키

▲ GO TO VIDEO

녹인 버터에 재료들을 섞어 간단하고 빠르게 완성할 수 있는 쿠키예요. 말차 가루가 너무 씁쓸하지도, 연하지도 않은 딱 적당한 비율로 들어가서 말차를 별로 좋아하지 않는 분들도 맛있게 드실 수 있는 쿠키입니다.

재료
지름 8~9cm 쿠키
약 13개 분량

무염버터 115g, 백설탕 60g, 황설탕 115g, 계란 55g, 중력분 153g, 말차 가루 12g, 베이킹 소다 2g, 소금 1g, 바닐라 익스트랙 3g, 화이트 커버춰 초콜릿 70g, 마카다미아 45g

미리 준비하기

- 모든 재료는 실온 상태로 준비하세요.
- 중력분과 말차 가루, 베이킹 소다는 함께 섞어서 체 쳐 두세요.
- 오븐을 실제 굽는 온도보다 20~30도 높게 최소 20분 이상 충분히 예열해 주세요.
- 굽거나 볶지 않은 마카다미아일 경우, 오븐에서 160도로 8~10분 동안 겉면이 약간 노릇해질 때까지 구워 주세요.

만드는 법

1 무염버터를 볼에 담아 중탕이나 전자레인지를 이용해 따뜻한 상태로 완전히 녹여 주세요.
2 1 에 백설탕, 황설탕, 소금을 넣고 거품기로 골고루 섞어 주세요.

3 실온 상태의 계란과 바닐라 익스트랙을 넣고 거품기로 골고루 잘 섞일 때까지 섞어 주세요.

» 계란이 차가우면 녹인 버터의 온도가 내려가면서 반죽이 굳어버릴 수 있으니 반드시 찬기를 뺀 실온 상태의 계란을 사용해 주세요.

4 체 쳐둔 중력분, 말차 가루, 베이킹 소다를 넣고 거품기로 가루가 거의 보이지 않을 때까지 섞어 주세요.

5 화이트 커버춰 초콜릿과 마카다미아를 넣고 주걱으로 골고루 섞어서 반죽을 마무리해 주세요.

6 반죽이 약간 굳을 때까지 냉장고에서 30분~1시간 휴지하세요.

7 지름 5cm 쿠키스쿱으로 팬닝하고, 예열한 오븐에 170도에서 9분 동안 구워 주세요.

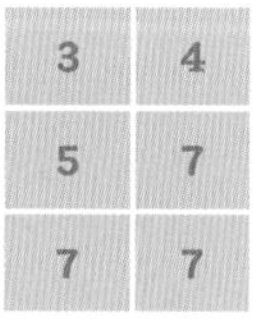

▲ HOW TO MAKE

보관

• 밀폐용기에 담거나 개별 포장하여 실온 약 4~5일, 냉동 1달 정도 보관 가능합니다.

브라우니 크랙 쿠키

▲ GO TO VIDEO

아주 적은 양의 밀가루가 들어가고, 녹인 초콜릿과 버터가 다량 들어가 마치 브라우니를 연상시키는 쿠키예요. 먹음직스러운 크랙이 많이 생기는 쿠키여서 몬스터 같은 느낌으로 눈알을 붙여 보았는데, 유튜브에 레시피를 올렸던 4년 전까지만 해도 이렇게 많은 분들께 사랑받는 쿠키가 될 줄은 몰랐어요. 귀여운 모양에 진한 맛을 가지고 있어 어른이나 아이 할 것 없이 누구나 좋아하는 쿠키랍니다.

재료
지름 약 9cm 쿠키 8개 분량

계란 50g, 머스코바도 60g, 소금 1g, 다크 커버춰 초콜릿(카카오 고형분 57.9%) 120g, 무염버터 30g, 중력분 40g, 베이킹 소다 2g, 바닐라 익스트랙 2g, 카카오닙스 30g, 화이트·다크 코팅 초콜릿(눈알 장식용)

미리 준비하기

- 모든 재료는 실온 상태로 준비하세요.
- 중력분과 베이킹 소다는 함께 섞어서 체 쳐 두세요.
- 오븐을 실제 굽는 온도보다 20~30도 높게 최소 20분 이상 충분히 예열해 주세요.

만드는 법

1 다크 커버춰 초콜릿과 무염버터를 볼에 함께 담아 중탕 또는 전자레인지를 사용해 녹여 주세요.

2 다른 볼에 실온 상태의 계란, 머스코바도, 소금, 바닐라 익스트랙을 넣고 뽀얗게 될 때까지 1~2분 동안 핸드믹서 고속으로 휘핑해 주세요.

» 색이 밝아졌지만 여전히 주르륵 흐르는 상태예요.

3 2 쪽에 1 을 넣고 모든 재료들이 잘 섞여 반죽에 윤기가 날 때까지 거품기로 천천히 섞어 주세요.

4 3 에 체 쳐둔 중력분과 베이킹 소다를 넣고 거품기로 천천히 섞어서 반죽을 마무리해 주세요.

5 카카오닙을 넣고 주걱으로 골고루 섞어서 반죽을 마무리해 주세요.

» 이때 반죽의 상태는 주르륵 흐르며 윤기가 납니다.

6 계절에 따라 냉장고 또는 실온에서 잠시 휴지시켜서 윤기가 흐르며 약간 되직해질 때까지 반죽을 굳혀 주세요.

» 쿠키스쿱으로 팬닝했을 때 옆으로 약간 퍼지다가 멈추는 상태가 적당해요.

7 지름 5cm 쿠키스쿱으로 팬닝하고, 180도로 예열해 둔 오븐에 9~10분 동안 구워 주세요.

» 팬닝 후 모양을 둥글게 다듬을 때 손에 물을 살짝 묻히면 반죽이 손에 달라붙지 않아요.

8 구워져 나온 쿠키가 완전히 식으면 화이트, 다크 초콜릿을 사용해 눈알 모양으로 장식하세요.

1	2
3	5
7	8
9	9

▲ HOW TO MAKE

보관

- 밀폐용기에 담거나 개별 포장하여 실온 약 4~5일, 냉동 1달 정도 보관 가능합니다.

솔티 피넛 쿠키

▲ GO TO VIDEO

뉴욕에서 요리학교를 다닐 때 반 친구들과 함께 32가지 쿠키를 하루에 만들어 보는 실습 시간이 있었는데, 그때 다른 쿠키들을 제치고 제 입맛을 사로잡았던 쿠키예요. 바삭하면서 쫀득한 반죽의 맛과 땅콩의 고소하면서 짭짤한 맛이 '이것이야말로 진정한 미국의 맛이구나'라는 생각이 절로 들게 하는 정통 미국식 쿠키예요. 땅콩을 싫어하지 않는다면 꼭 만들어 보세요.

재료
지름 9cm 쿠키 16개 분량

무염버터 113g, 땅콩버터 113g, 백설탕 113g, 황설탕 113g, 땅콩 113g, 계란 50g, 중력분 170g, 베이킹 소다 5g, 소금 5g, 바닐라 익스트랙 5g

미리 준비하기

- 모든 재료는 실온 상태로 준비하세요.
- 중력분과 베이킹 소다는 함께 섞어서 체 쳐 두세요.
- 오븐을 실제 굽는 온도보다 20~30도 높게 최소 20분 이상 충분히 예열해 주세요.
- 굽거나 볶지 않은 생 땅콩일 경우, 오븐에서 160도로 7~8분 동안 겉면이 약간 노릇해질 때까지 구워 주세요.

만드는 법

1 실온 상태의 무염버터와 땅콩버터를 볼에 넣고 가볍게 풀어 주세요.

2 1 에 흰설탕, 황설탕, 소금을 넣고 버터 색이 약간 밝아질 때까지 핸드믹서로 섞어 주세요.

3 실온 상태의 계란, 바닐라 익스트랙을 2~3번에 나눠서 넣어가며 핸드믹서로 크림 상태처럼 잘 섞일 때까지 섞어 주세요.

4 3 에 체 쳐둔 중력분과 베이킹 소다를 넣고 가루가 거의 보이지 않을 때까지 주걱으로 가볍게 섞어 주세요.

5 4 에 땅콩을 넣고 섞어서 반죽을 마무리해 주세요.

6 쿠키스쿱으로 둥글게 팬닝한 후(개당 약 50g씩), 미리 예열해 둔 오븐에 170도에서 10분 동안 구워 주세요.

1	2
3	4
6	

▲ HOW TO MAKE

보관

- 밀폐용기에 담거나 개별 포장하여 실온 약 4~5일, 냉동 1달 정도 보관 가능합니다.

마시멜로우 더블 초코 쿠키

▲ GO TO VIDEO

반죽에 코코아 파우더가 듬뿍 들어가서 단맛을 눌러주고, 촉촉하면서 쫀득한 식감도 있는 쿠키입니다. 달달한 아메리칸 초코 쿠키가 필요할 때 언제든 생각날 법한 베이직한 맛이에요. 부재료를 초코칩과 마시멜로우가 아닌 다른 재료들로 응용해 보셔도 좋아요.

재료

지름 8cm 쿠키 13개 분량

무염버터 113g, 황설탕 80g, 백설탕 70g, 소금 1g, 계란 65g, 바닐라 익스트랙 2g, 중력분 125g, 코코아 파우더 50g, 베이킹 소다 5g, 다크 초코칩 120g, 여분의 초코칩과 마시멜로우(토핑용)

미리 준비하기

- 모든 재료는 실온 상태로 준비하세요.
- 중력분, 코코아 파우더, 베이킹 소다는 함께 섞어서 체 쳐 두세요.
- 오븐을 실제 굽는 온도보다 20~30도 높게 최소 20분 이상 충분히 예열해 주세요.

만드는 법

1 실온 상태의 부드러운 버터를 볼에 담아 가볍게 풀어 주세요.

2 1 에 소금, 황설탕, 백설탕을 넣고 버터 색이 약간 밝아질 때까지 핸드믹서로 섞어 주세요.

3 실온 상태의 계란과 바닐라 익스트랙을 2~3번에 나눠서 넣어가며 핸드믹서로 크림 상태처럼 잘 섞일 때까지 섞어 주세요.

4 3 에 중력분, 코코아 파우더, 베이킹 소다를 넣고 날가루가 거의 보이지 않을 때까지 주걱으로 가볍게 섞어 주세요.

5 4 에 다크 초코칩을 넣고 섞어서 반죽을 마무리해 주세요.

6 반죽이 굳을 때까지 냉장고에서 30분~1시간 정도 휴지해 주세요.

7 지름 5cm 쿠키스쿱으로 팬닝하고(개당 무게 45~50g), 예열한 오븐에 170도에서 9~10분 동안 구워 주세요.

3	4
5	7
7	7

▲ HOW TO MAKE

보관

- 밀폐용기에 담거나 개별 포장하여 실온 약 4~5일, 냉동 1달 정도 보관 가능합니다.

진저스냅 쿠키

▲ GO TO VIDEO

한입 베어 물면 온몸에 따뜻한 기운이 퍼지는 느낌이 드는, 추운 겨울이면 꼭 생각나는 쿠키예요. 진저스냅의 '스냅'은 영어로 경쾌하게 툭 부러지는 것을 의미하는데, 원래 겉과 속이 모두 쫀득 바삭한 것이 본래의 식감이지만 굽는 시간을 컨트롤하면 전체가 부드럽게도, 겉은 바삭하고 속은 쫀득하게도 구우실 수 있어요. 굽는 시간이 짧을수록 부드러워지고, 오래 구울수록 바삭해지니 취향에 따라 굽는 시간을 조절해 보세요.

재료

지름 약 9cm 쿠키 13개 분량

무염버터 85g, 백설탕 100g, 소금 1g, 계란 25g, 당밀(몰라시스) 45g, 중력분 135g, 베이킹 소다 6g, 생강 가루 3g, 시나몬 파우더 1g, 겉에 묻힐 백설탕 약간

미리 준비하기

- 모든 재료는 실온 상태로 준비하세요.
- 중력분, 베이킹 소다, 생강 가루, 시나몬 파우더는 함께 섞어서 체 쳐 두세요.
- 오븐을 실제 굽는 온도보다 20~30도 높게 최소 20분 이상 충분히 예열해 주세요.

만드는 법

1 실온 상태의 부드러운 무염버터를 볼에 넣고 가볍게 풀어 주세요.

2 1 에 백설탕과 소금을 넣고 버터 색이 약간 밝아질 때까지 핸드믹서로 섞어 주세요.

3 2 에 실온 상태의 계란을 넣고 핸드믹서로 크림 상태처럼 잘 섞일 때까지 섞어 주세요.

4 3 에 당밀을 넣고 골고루 잘 섞일 때까지 가볍게 섞어 주세요.

5 4 에 체 쳐둔 중력분과 베이킹 소다, 생강 가루, 시나몬 파우더를 넣고 가루가 거의 보이지 않을 때까지 주걱으로 가볍게 섞어 주세요.

6 반죽을 손으로 만질 수 있을 때까지 냉장고에서 30분~1시간 굳혀 주세요.

7 30g씩 분할해 손으로 둥글게 공 모양으로 빚어 주세요.

8 백설탕을 담은 볼에 쿠키 반죽을 굴려서 겉면에 설탕을 묻히고, 예열된 오븐에 170도에서 16분 동안 구워 주세요.

4	5
7	8
8	8

▲ HOW TO MAKE

보관

- 밀폐용기에 담거나 개별 포장하여 실온 약 4~5일, 냉동 1달 정도 보관 가능합니다.

사브레 쿠키

▲ GO TO VIDEO

시판 과자의 맛을 그대로 재현하려고 여러 번 만들어 보았던 쿠키예요. 어른이 되면서 점점 시판 과자들을 잘 사 먹지 않게 되었는데, 어릴 적 엄마가 슈퍼에서 사주셨던 사브레 과자가 떠오르는 추억의 맛이에요. 얇고 넓게 퍼지면서 생기는 자잘한 크랙까지 시판 사브레를 꼭 닮아 있는 과자입니다.

재료
쿠키 약 14개 분량

무염버터 80g, 슈가파우더 88g, 계란 20g, 바닐라 익스트랙 2g, 소금 1g, 박력분 120g, 베이킹 소다 2g, 베이킹파우더 2g, 겉에 묻힐 백설탕 약간

미리 준비하기

- 모든 재료는 실온 상태로 준비하세요.
- 박력분과 베이킹 소다, 베이킹파우더는 함께 섞어 체 쳐 두세요.
- 오븐을 실제 굽는 온도보다 20~30도 높게 최소 20분 이상 충분히 예열해 주세요.

만드는 법

1 실온 상태의 부드러운 버터를 거품기로 가볍게 풀어 주세요.

2 1 에 슈가파우더와 소금을 넣고 잘 섞일 때까지 가볍게 섞어 주세요.

» 이 단계에서 너무 많이 믹싱하면 오븐 안에서 반죽이 크게 부풀었다 가라앉으면서 사브레 특유의 크랙이 생기지 않아요. 슈가파우더가 버터에 잘 섞여 들 때까지만 가볍게 섞어 주세요.

3 실온 상태의 계란과 바닐라 익스트랙을 넣고 잘 섞일 때까지 거품기로 섞어 주세요.

4 체 쳐둔 박력분, 베이킹 소다, 베이킹파우더를 넣고 주걱으로 자르듯이 섞어서 반죽을 마무리해 주세요.

5 반죽을 만지기 좋게 냉장고에서 약간 굳힌 후, 개당 20g씩 분할해서 공 모양으로 둥글게 빚어 주세요.

6 설탕을 담은 볼에 반죽을 굴려서 겉면에 설탕을 묻히고, 손바닥으로 살짝 납작하게 눌러 주세요.

7 예열한 오븐에 160도에서 14분 동안 구워 주세요.

1	5
5	6
6	7

▲ HOW TO MAKE

보관

- 방습제와 함께 밀폐용기에 담거나 개별 포장하여 실온 2~3일, 냉동 3주 정도 보관 가능합니다.

인절미볼 쿠키

▲ GO TO VIDEO

오래전에 처음 먹고 너무 맛있어서 충격받았던 기억이 있는 과자예요. 적당한 단맛과 견과류 풍미, 그리고 콩가루의 고소함이 오랫동안 먹어도 물리지 않는 맛을 가지고 있어요. 직장인일 때 홈베이킹으로 주변에 가장 많이 선물했던 쿠키이기도 한데, 선물했을 때 반응이 가장 좋았던 쿠키 중 하나예요. 겉에 묻히는 가루에 따라 응용이 무궁무진해서 여러 가지 다른 맛으로 응용해서 만들어 보셔도 좋아요.

재료
쿠키 40~45개 분량

무염버터 100g, 슈가파우더 31g(반죽에 넣는 용도), 박력분 140g, 아몬드 가루 40g, 아몬드 슬라이스 30g, 소금 2g, 볶은 콩가루 50g, 슈가파우더 50g(겉에 묻히는 용도)

미리 준비하기

- 모든 재료는 실온 상태로 준비하세요.
- 아몬드 슬라이스는 노릇해질 때까지 오븐에서 160도로 5분 정도 구운 후 식혀 두세요.
- 박력분과 아몬드 가루는 섞어서 함께 체 쳐 두세요.
- 오븐을 실제 굽는 온도보다 20~30도 높게 최소 20분 이상 충분히 예열해 주세요.

만드는 법

1 볼에 실온 상태의 버터를 담고 가볍게 풀어 주세요.

2 1 에 소금과 슈가파우더를 넣고 잘 섞일 때까지 핸드믹서 저속으로 섞어 주세요.

» 이 단계에서 너무 많이 믹싱하면 굽고 나서 반죽이 많이 퍼져요. 슈가파우더가 버터에 잘 스며들고 버터의 색이 약간 밝아질 때까지만 가볍게 섞어 주세요.

3 체 쳐둔 아몬드 가루와 박력분을 넣고 날가루가 보이지 않을 때까지 주걱으로 가볍게 섞어 주세요.

4 아몬드 슬라이스를 넣고 골고루 섞어 반죽을 한 덩어리로 만들어 주세요.

» 이때 아몬드 슬라이스가 너무 크면 공처럼 반죽을 둥글게 빚기 어려우니 너무 큰 조각이 있다면 손으로 잘게 부숴 주세요.

5 반죽을 7~8g씩 분할해 손으로 둥글게 빚어 주세요.

6 미리 예열한 오븐에 160도에서 18~20분 동안 구워 주세요.

7 구워져 나온 쿠키는 그대로 한 김 식힌 후, 쿠키가 따뜻할 때 콩가루와 슈가파우더를 1:1로 섞은 가루를 듬뿍 묻힌 후 털어내 주세요. 쿠키가 완전히 식으면 한 번 더 가루를 묻히고 털어내기를 반복해 주세요.

» 쿠키에 온기가 남아 있을 때 먼저 가루를 묻혀 놓아야 쿠키 표면에 잘 붙고, 완전히 식은 후에 가루를 한 번 더 묻혀주면 표면의 보송보송함이 더 오래 가요.

4	5
7	7

▲ HOW TO MAKE

보관

- 완전히 식혀 밀폐용기에 담아 서늘한 실온에서 5일 정도 두고 드실 수 있으며, 냉동 보관시 약 1달 정도 보관 가능합니다.

알파호레스 쿠키

▲ GO TO VIDEO

'알파호레스' 또는 '알파호르'라고 불리는 이 쿠키는 남미를 대표하는 과자 중 하나예요. 과자 반죽에 계란 노른자와 옥수수 전분이 들어가 다른 쿠키와 차별화되는 독특한 식감을 갖는데, 가운데 샌드된 우유맛 캐러멜인 '둘세 데 레체'와 궁합이 잘 맞아 한번 먹으면 멈출 수 없는 마성의 맛이에요. 남미에서는 동그란 모양의 알파호레스에 초콜릿을 코팅하거나 옆면에 코코넛 가루를 듬뿍 묻힌 모양이 일반적인데, 저는 하트 모양으로 색다르게 만들어 봤어요.

재료

지름 약 7cm
샌드 쿠키 6개 분량

무염버터 113g, 백설탕 50g, 계란 노른자 50g, 중력분 75g, 옥수수 전분 100g, 베이킹 파우더 1.5g, 바닐라 익스트랙 1g, 레몬 제스트 2g, 소금 1g, 샌드용 둘세 데 레체 적당량

미리 준비하기

- 모든 재료는 실온 상태로 준비하세요.
- 레몬은 제스터에 껍질 부분만 갈아 제스트를 만들어 두세요. (레몬 약 반 개 분량)
- 중력분, 옥수수 전분, 베이킹파우더는 섞어서 함께 체 쳐 두세요.
- 오븐을 실제 굽는 온도보다 20~30도 높게 최소 20분 이상 충분히 예열해 주세요.

둘세 데 레체 만들기

▲ 둘세 데 레체

1 캔 타입 가당 연유 또는 밀폐가 가능한 내열 잼병에 가당 연유를 담아서 준비합니다.

2 1 을 끓는 물에 완전히 잠기도록 넣은 후, 약 3시간 동안 갈색이 될 때까지 약불에서 천천히 끓입니다.

만드는 법

1 생크림을 뜨거운 상태로 1 에 넣을 수 있게 용기에 담아 데워서 준비해 두세요. 실온 상태의 부드러운 버터를 볼에 담아 가볍게 풀어 주세요.

2 1 에 소금, 설탕을 넣고 핸드믹서로 버터 색이 약간 밝아질 때까지 가볍게 섞어 주세요.

3 2 에 실온 상태의 노른자와 바닐라 익스트랙을 2~3번에 나눠 넣어가며 섞어 주세요.

4 미리 체 쳐둔 중력분, 옥수수 전분, 베이킹파우더와 레몬 제스트를 넣고 주걱으로 가볍게 섞어 한 덩어리로 만들어 주세요.

5 완성된 반죽 양쪽에 유산지나 비닐을 깔고 두께 5mm로 밀어 펴 주세요.

6 반죽이 완전히 단단해질 때까지 냉동실에서 30분 또는 냉장고에서 1시간 정도 휴지시켜 주세요.

7 차갑고 단단해진 반죽을 꺼내서 원하는 모양의 쿠키커터로 찍어내 주세요.

» 쿠키커터에 덧가루를 약간 묻힌 후 찍어내면 반죽이 쿠키커터에 달라붙는 것을 막을 수 있어요.

8 타공 매트에 찍어낸 쿠키 반죽을 올려놓고, 미리 예열한 오븐에 160도에서 25분 동안 구워 주세요.

9 원형 깍지(802호)를 낀 짤주머니에 둘세 데 레체를 담아서 완전히 식힌 쿠키 두 개 사이에 샌드해 주세요.

3	5
7	9

▲ HOW TO MAKE

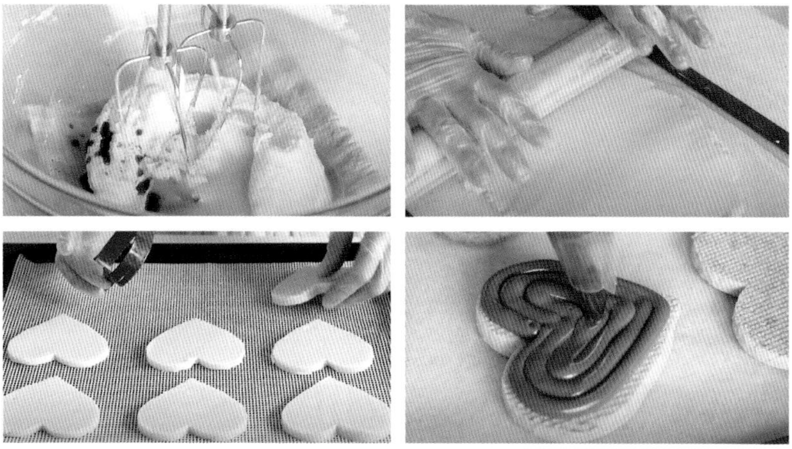

보관

• 밀폐용기에 담거나 개별 포장하여 실온 2일, 냉동 2주 정도 보관 가능합니다.

팔미에

▲ GO TO VIDEO

스타벅스에서 '하트파이'라는 이름으로 더 유명한 파이 식감의 디저트예요. 최근 한국에서는 팔미에보다 사각형 모양의 '팔미까레'를 더 흔히 찾아볼 수 있는데, 같은 반죽을 마지막 단계에서 어떻게 성형하느냐에 따라 모양이 달라진답니다.

재료

약 20개 분량

강력분 125g, 박력분 125g, 무염버터 200g, 차가운 물 125g, 소금 4g, 백설탕(덧가루용) 120g

미리 준비하기

- 모든 재료를 매우 차가운 상태로 준비해 주세요.
- 분량의 차가운 물에 소금을 넣고 완전히 녹여 두세요.
- 버터는 1.5~2cm 크기의 정육면체 모양으로 썰어 두세요.
- 실내가 너무 더우면 버터가 부드러워지면서 반죽에 스며 반죽이 질척해지고, 파이의 결이 잘 나오지 않으므로 가급적이면 실내 온도를 23도 이하로 맞춰 두세요.
- 오븐을 실제 굽는 온도보다 20~30도 높게 최소 20분 이상 충분히 예열해 주세요.

만드는 법

1 볼에 차가운 강력분과 박력분, 정육면체 모양으로 썬 버터를 넣고 버터 표면에 가루를 골고루 묻혀 주세요.

2 소금을 녹인 찬물을 넣고 흰 가루가 보이지 않을 때까지 스크래퍼로 섞어 주세요.

3 반죽을 넓은 작업대 위로 옮겨서 사각형 모양의 큰 덩어리로 뭉쳐 주세요.

» 이때 네모난 버터가 반죽 안에 박혀 있는 모습이 보이고, 버터의 일부가 튀어나오려 하는데 자연스러운 현상이에요. 반죽 안으로 잘 집어넣어 함께 뭉쳐 주세요.

4 반죽 앞뒤에 덧가루(강력분)를 충분히 뿌리고, 밀대로 긴 직사각형 모양이 되도록 밀어 편 다음, 안쪽 면의 덧가루를 붓으로 잘 털어내고 3등분으로 접어주세요.

» 이를 '3절 접기'라고 합니다.

» 처음에는 반죽이 얼룩덜룩하고 버터가 군데군데 박혀 있는데 3절 접기를 계속 반복할수록 반죽이 점점 매끈해집니다.

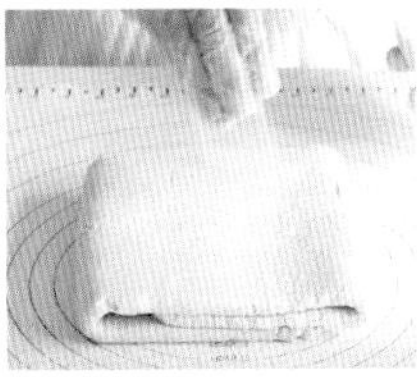

CHECK POINT. 5

5 반죽을 90도 회전한 후 다시 긴 직사각형으로 밀어 편 후 3등분으로 접어주세요. 3절 접기를 총 5회 반복하세요.

» 반죽을 밀어 펴는 도중 반죽이 수축되어 잘 늘어나지 않거나, 버터가 질척거리는 느낌이 들면 20~30분 정도 냉장고에 반죽을 휴지했다가 계속 진행하시면 됩니다.

» 마지막 다섯 번째 3절 접기를 진행할 때 덧가루는 강력분 대신 백설탕을 사용해요. 이렇게 하면 반죽 사이사이에 설탕이 자연스럽게 스며들어 굽고 나서 단단하고 바삭한 카라멜 층이 생겨 더 맛있어져요.

6 3절 접기가 끝난 반죽을 가로 약 45cm, 세로 30cm, 두께 3mm의 큰 직사각형으로 밀어 펴 주세요.

7 반죽 양 끝을 칼로 반듯하게 잘라내고, 중앙을 향해 양 끝을 포개듯이 반 접고 다시 반을 접어서 하트 모양을 만들어 주세요.

8 반죽이 잘 접착되도록 살짝 눌러준 후, 칼로 썰기 좋게 단단해질 때까지 냉동실에서 잠시 휴지하세요.

CHECK POINT. 10

9 단단해진 반죽을 0.8~1cm 두께로 썰어서 팬닝하고 계란물을 윗면에 얇게 발라 주세요.

10 미리 예열한 오븐에 190도에서 15분 동안 구워 주세요.

» 반죽이 황금 갈색으로 노릇노릇해질 때까지 충분히 구워야 바삭한 식감을 얻을 수 있어요.

1	3
4	4
5	6
7	7
9	9

▲ HOW TO MAKE

보관

- 개별 포장하여 실온에서 3~4일 정도 보관 가능합니다.
- 방습제를 함께 넣어서 밀봉하시면 좀 더 오랫동안 바삭하게 드실 수 있어요.

파베 브라우니

▲ GO TO VIDEO

파베 초콜릿처럼 진하고 한입 베어 물었을 때 꾸덕꾸덕한 식감을 생각하며 만든 브라우니 레시피예요. 다른 보통의 브라우니보다 수분감이 많아 냉장해서 차갑게 먹으면 이빨 자국이 날 만큼 쫀쫀하고 찰진 느낌이 든답니다. 카카오 고형분 함량이 높은 다크 커버춰를 사용하시면 덜 달고 더욱 진한 맛의 맛있는 브라우니를 만드실 수 있어요.

재료

가로×세로 16.5cm
정사각틀 1개 분량

무염버터 100g, 다크 커버춰 초콜릿(카카오 고형분 70%) 140g, 황설탕 90g, 물엿 20g, 소금 1g, 바닐라 익스트랙 2g, 계란 100g, 생크림 30g, 중력분 45g

미리 준비하기

- 모든 재료는 실온 상태로 준비하세요.
- 중력분은 체를 쳐 두세요.
- 틀에 유산지나 테프론 시트를 재단해 깔아 두세요.
- 오븐을 실제 굽는 온도보다 20~30도 높게 최소 20분 이상 충분히 예열해 주세요.

만드는 법

1 다크 커버춰 초콜릿과 무염버터를 큰 볼에 함께 넣고 중탕이나 전자레인지로 완전히 녹여 주세요.

2 황설탕, 물엿, 소금, 바닐라 익스트랙을 넣고 거품기로 섞어 주세요.

» 거품기로 재료를 섞을 때는 모든 과정에서 공기가 과하게 들어가지 않도록 천천히 섞어 주세요. 반죽에 공기가 많이 들어가면 브라우니가 너무 많이 부풀어 오르거나, 바닥이 들뜰 수 있어요.

3 실온 상태의 계란을 넣고 거품기로 섞어 주세요.

4 실온 상태의 생크림을 넣고 거품기로 섞어 주세요.

» 계란과 생크림이 차가우면 초콜릿과 버터가 굳어 반죽이 되직해지고, 되직해진 반죽은 밀가루와 잘 섞이지 않거나 섞는 도중 불필요한 공기가 들어가 결과물에 영향을 줄 수 있어요. 계란과 생크림은 반드시 실온 상태의 것을 사용하세요.

5 체 친 중력분을 넣고 가루가 보이지 않을 때까지 가볍게 섞어 주세요.

6 틀에 반죽을 붓고 예열한 오븐에 160도에서 20분 동안 구워 주세요.

» 이쑤시개로 반죽 중앙을 찔러 보았을 때 반죽이 약간 묻어 나오는 정도까지만 구워 주세요.

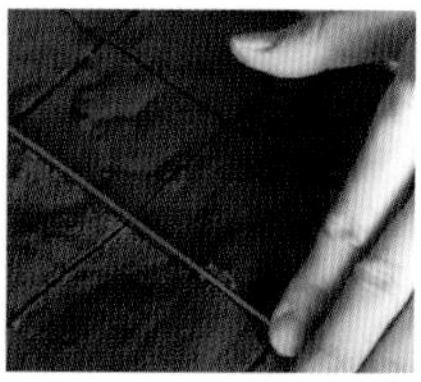

CHECK POINT. 7

7 구워져 나온 브라우니는 틀 채로 떨어뜨려 가볍게 쇼크를 준 후, 냉장고에 반나절 이상 넣어서 완전히 차갑게 식히세요.

» 완성된 브라우니는 완전히 차갑게 만든 후에 썰어야 모양이 망가지지 않고 깔끔하게 자를 수 있어요.

4	5
6	7

▲ HOW TO MAKE

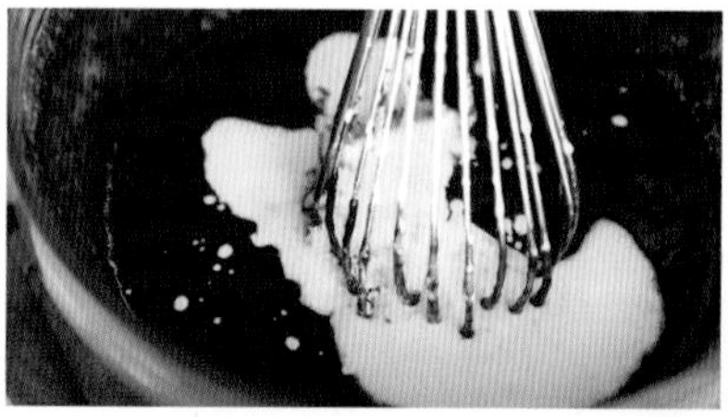

보관

• 마르지 않도록 밀폐하여 냉장에서 4~5일, 냉동시 약 한 달 정도 보관 가능합니다.

블론디

▲ GO TO VIDEO

블론디는 '브라우니의 하얀 버전'이라고 할 정도로 브라우니와 종종 비교되곤 하는 디저트예요. 아마 다량의 버터와 설탕이 들어가는 점과 쫀득한 식감이 비슷하기 때문일 텐데요. 브라우니의 진한 초코맛 대신 태운 버터와 머스코바도 설탕의 달달하고 고소한 풍미가 환상적이에요. 레시피에 들어간 마카다미아나 화이트 초코칩은 좋아하는 다른 부재료로 바꿔서 만들어 보셔도 좋아요.

재료

가로×세로 16.5cm
정사각틀 1개 분량

무염버터 80g, 머스코바도 80g, 백설탕 40g, 소금 1g, 계란 35g, 바닐라 익스트랙 2g, 중력분 85g, 화이트 초코칩 60g, 마카다미아 50g

tip 머스코바도가 없을 경우 황설탕으로 대체 가능합니다.

미리 준비하기

- 마카다미아는 오븐에서 160도로 10분 정도 구워 주세요.
- 모든 재료는 실온 상태로 준비하세요.
- 중력분은 체를 쳐 두세요.
- 틀에 유산지나 테프론 시트를 재단해 깔아 두세요.
- 오븐을 실제 굽는 온도보다 20~30도 높게 최소 20분 이상 충분히 예열해 주세요.

만드는 법

1 분량의 버터를 냄비에 담아 옅은 갈색으로 색이 날 때까지 가열해 헤이즐넛 버터를 만들어 주세요.

» 다른 재료를 넣었을 때 익어버리지 않도록 따뜻한 정도까지 식혀 주세요.

2 따뜻하게 식힌 버터에 머스코바도, 백설탕, 소금을 넣고 거품기로 섞어 주세요.

3 실온 상태의 계란, 바닐라 익스트랙을 넣고 거품기로 섞어 주세요.

» 차가운 계란을 넣으면 섞는 도중 버터가 굳어버릴 수 있으므로 반드시 실온 상태의 것을 사용하세요.

4 체 친 중력분을 넣고 가루가 보이지 않을 때까지 가볍게 섞어 주세요.

5 화이트 초코칩과 마카다미아를 넣고 섞어 주세요.

6 틀에 반죽을 붓고 예열한 오븐에 165도에서 15분 동안 구워 주세요.

» 이쑤시개로 가운데를 찔러보아 촉촉한 빵가루 같은 반죽이 약간 묻어날 때까지만 구워 주세요. 아무것도 묻어나지 않을 때까지 굽게 되면 식히고 나서 단단해지므로 주의하세요.

2	5
6	6

▲ HOW TO MAKE

보관

• 마르지 않도록 밀폐하여 냉장에서 3~4일, 냉동시 약 3주 정도 보관 가능합니다.

크림치즈 마블 브라우니

▲ GO TO VIDEO

쉽게 구할 수 있는 기본 재료들로 만드는 맛있는 브라우니예요. 적당히 촉촉하면서 퍼지하고, 냉장해서 차갑게 드시면 꾸덕한 느낌도 드는 딱 이상적인 브라우니 맛이랍니다. 브라우니 반죽 자체가 맛있는 배합이기 때문에, 윗면에 크림치즈 반죽 없이 기본 브라우니로 만드셔도 맛있어요.

재료

가로×세로 16.5cm
정사각틀 1개 분량

크림치즈 필링

크림치즈 130g, 백설탕 20g, 계란 30g, 바닐라 익스트랙 3g

브라우니

무염버터 60g, 다크 커버춰 초콜릿(카카오 고형분 57.9%) 90g, 황설탕 110g, 계란 75g, 코코아 파우더 13g, 중력분 40g, 소금 1g

미리 준비하기

- 모든 재료는 실온 상태로 준비하세요.
- 코코아 파우더와 중력분은 섞어서 함께 체 쳐 두세요.
- 틀에 유산지나 테프론 시트를 재단해 깔아 두세요.
- 오븐을 실제 굽는 온도보다 20~30도 높게 최소 20분 이상 충분히 예열해 주세요.

만드는 법

1 3

▲ HOW TO MAKE

크림치즈 필링

1 부드러운 실온 상태의 크림치즈를 볼에 담아 주걱으로 눌러서 풀어 주세요.

2 1 에 백설탕, 바닐라 익스트랙을 넣고 섞어 주세요.

3 2 에 실온 상태의 계란을 넣고 섞어 주세요.

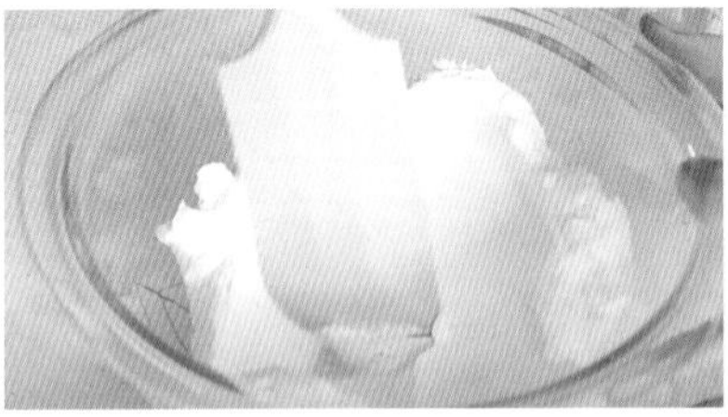

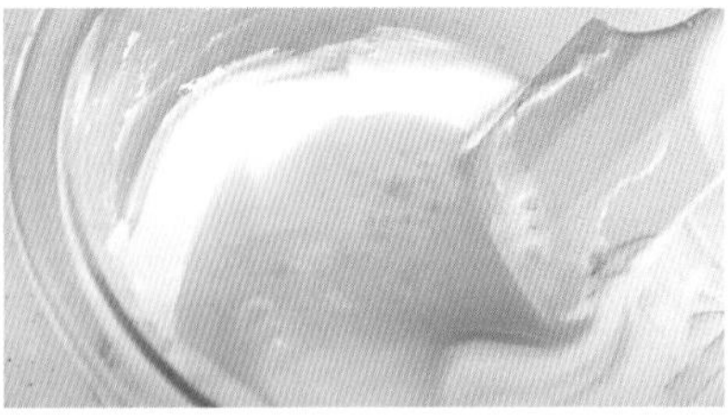

브라우니

1 무염버터와 다크 커버춰 초콜릿을 볼에 담아 함께 전자레인지 또는 중탕으로 녹여 주세요.

2 1 에 황설탕과 소금을 넣고 거품기로 섞어 주세요.

3 2 에 차갑지 않은 실온 상태의 계란을 넣고 섞어 주세요.

4 3 에 체 쳐둔 중력분과 베이킹파우더를 넣고 섞어 주세요.

5 완성된 반죽은 30g을 따로 남겨 두고, 나머지는 유산지를 깔아둔 틀에 평평하게 팬닝해 주세요.

6 만들어 둔 크림치즈 필링을 브라우니 반죽 위에 평평하게 팬닝해 주세요.

7 30g 남겨두었던 브라우니 반죽에 뜨거운 물을 2~3g 정도 넣어서 묽게 만들어 주세요.

8 7 을 짤주머니에 담아 팬닝한 치즈 반죽 위에 줄무늬 모양으로 짜 주세요.

9 이쑤시개를 사용해 수직 방향으로 반죽을 그어서 마블 무늬를 만들어 주세요.

10 예열해 둔 오븐에 160도에서 23분 동안 구워 주세요.

1	3
5	5
6	7
8	9

▲ HOW TO MAKE

보관

- 밀폐용기에 넣거나 잘라서 개별 포장하여 실온 2~3일, 냉장 5일, 냉동 3주 정도 보관 가능합니다.

레몬바

▲ GO TO VIDEO

개인적으로 레몬을 이용한 디저트를 참 좋아하는데, 레몬바는 레몬 파이나 타르트보다는 훨씬 간단하면서 크러스트의 바삭함과 레몬 필링의 새콤달콤함을 모두 느낄 수 있어서 자주 만들게 되는 것 같아요. 윗면에 휘핑한 생크림이나 이탈리안 머랭을 올려서 함께 드시면 산미가 부드럽게 중화되는 효과가 있어 신맛을 즐기지 않는 분들께도 좋아요.

재료

가로×세로 16.5cm
정사각틀 1개 분량

크러스트

중력분 84g, 슈가파우더 23g, 무염버터 55g, 소금 한 꼬집

레몬 필링

레몬즙 100g, 설탕 150g, 중력분 30g, 계란 150g, 레몬 제스트 3g

미리 준비하기

- 중력분은 체를 쳐 두세요.
- 레몬은 깨끗이 씻어서 껍질 부분을 갈아서 제스트로 만들고, 알맹이는 즙을 내 주세요.
- 틀에 유산지나 테프론 시트를 재단해 깔아 두세요.
- 오븐을 실제 굽는 온도보다 20~30도 높게 최소 20분 이상 충분히 예열해 주세요.

만드는 법

크러스트

1 볼에 모든 재료를 넣고 손으로 으깨듯이 문질러서 버터를 가루에 흡수시켜 주세요.

» 흰 가루가 보이지 않고 반죽이 여러 덩어리로 뭉쳐지기 시작할 때까지 섞어 주세요.

2 1 을 틀 바닥에 꾹꾹 눌러서 평평하게 깔아 주세요.

3 미리 예열한 오븐에 170도에서 15분 동안 구워 주세요.

1	2
2	

▲ HOW TO MAKE

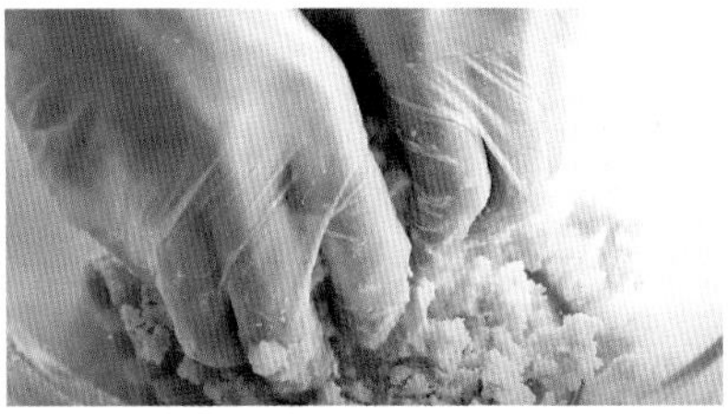

레몬 필링

1 볼에 계란을 담아 잘 풀어 주세요.

2 1 에 레몬즙을 넣고 섞어 주세요.

3 2 에 백설탕과 레몬 제스트를 넣고 섞어 주세요.

» 섞을 때 반죽에 공기가 과도하게 들어가면 굽고 나서 겉면이 기포 때문에 지저분해질 수 있으니 주의하세요.

4 다른 볼에 중력분을 담고, 중력분 쪽에 3 을 조금씩 부어 가면서 거품기로 덩어리 없이 섞어 주세요.

» 가루 쪽에 수분 재료를 조금씩 나눠 넣으면서 섞어야 덩어리지지 않고 잘 풀려요.

5 구워져 나온 크러스트가 뜨거울 때 완성된 필링을 붓고 160도에서 25분 동안 구워 주세요.

» 크러스트가 식은 후 필링을 부으면 크러스트와 유산지 사이가 뜨면서 필링 위로 크러스트가 떠오를 수 있어요. 크러스트가 구워지는 동안 필링을 미리 준비해 두었다가 크러스트가 구워져 나오면 바로 필링을 위에 부어서 익혀 주세요.

2	3
5	

▲ HOW TO MAKE

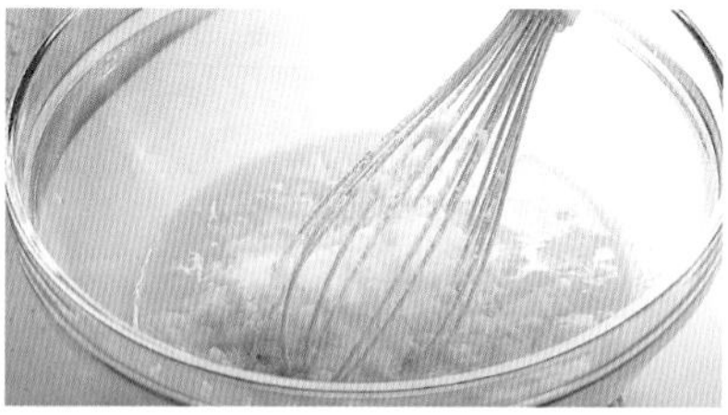

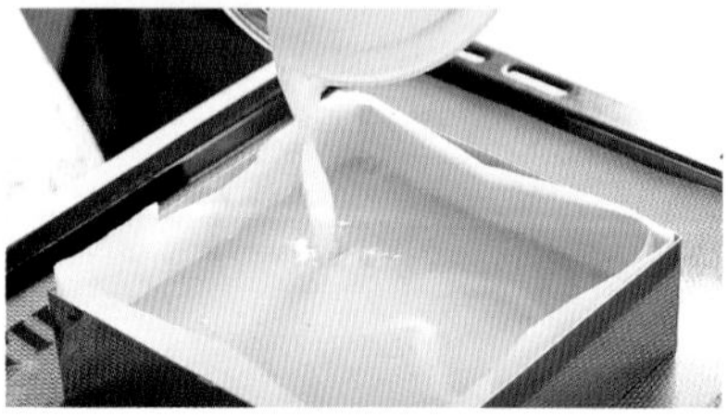

보관

- 밀폐용기에 담거나 잘라서 개별 포장하여 냉장 3~4일, 냉동 약 3주 정도 보관 가능합니다.

라임 코코넛 바

▲ GO TO VIDEO

레몬바의 응용 버전으로, 라임즙을 넣고 코코넛 플레이버를 추가해 새콤한 맛이 너무 튀지 않고 밸런스가 잘 맞는 맛있는 디저트랍니다. 신맛 디저트를 좋아하시는 분도, 좋아하지 않으시는 분도 호불호 없이 무난하게 즐기실 수 있으실 만한 디저트예요.

재료

가로×세로 16.5cm
정사각틀 1개 분량

크러스트

박력분 65g, 코코넛 가루 50g, 슈가파우더 20g, 버터 50g, 소금 한 꼬집

라임 필링

라임즙 80g, 코코넛 밀크 30g, 백설탕 150g, 박력분 30g, 계란 150g, 라임 제스트 3g

미리 준비하기

- 라임은 깨끗이 씻어서 껍질 부분을 제스터로 갈아 제스트를 만들고, 알맹이는 즙을 내 주세요.
- 박력분은 체를 쳐 두세요.
- 틀에 유산지나 테프론 시트를 재단해 깔아 두세요.
- 오븐을 실제 굽는 온도보다 20~30도 높게 최소 20분 이상 충분히 예열해 주세요.

만드는 법

크러스트

1 볼에 모든 재료를 넣고 손으로 으깨듯이 문질러서 버터를 가루에 흡수시켜 주세요.

» 흰 가루가 보이지 않고 반죽이 여러 덩어리로 뭉쳐지기 시작할 때까지 섞어 주세요.

2 1을 틀 바닥에 꾹꾹 눌러서 평평하게 깔아 주세요.

3 미리 예열한 오븐에 170도에서 15분 동안 구워 주세요.

1 2
2

▲ HOW TO MAKE

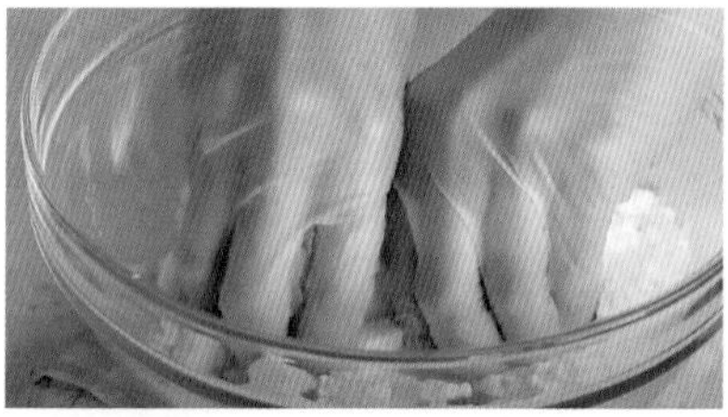

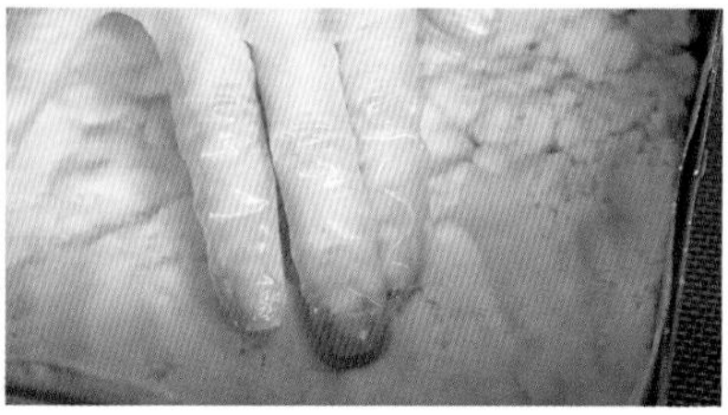

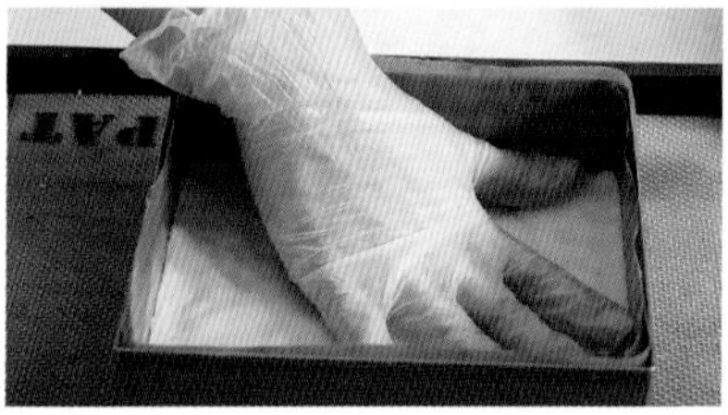

라임 필링

1 볼에 계란을 담아 잘 풀어 주세요.

2 1에 라임즙과 코코넛 밀크를 넣고 섞어 주세요.

3 2에 백설탕과 라임 제스트를 넣고 섞어 주세요.

» 섞을 때 반죽에 공기가 과도하게 들어가면 굽고 나서 겉면이 기포 때문에 지저분해질 수 있으니 주의하세요.

4 다른 볼에 박력분을 담고, 박력분 쪽에 3을 조금씩 부어 가면서 거품기로 덩어리 없이 섞어 주세요.

» 가루 쪽에 수분 재료를 조금씩 나눠 넣으면서 섞어야 덩어리지지 않고 잘 풀려요.

5 구워져 나온 크러스트가 뜨거울 때 완성된 필링을 붓고 160도에서 25분 동안 구워 주세요.

» 크러스트가 식은 후 필링을 부으면 크러스트와 유산지 사이가 뜨면서 필링 위로 크러스트가 떠오를 수 있어요. 크러스트가 구워지는 동안 필링을 미리 준비해 두었다가 크러스트가 구워져 나오면 바로 필링을 위에 부어서 익혀 주세요.

3	4
5	

▲ HOW TO MAKE

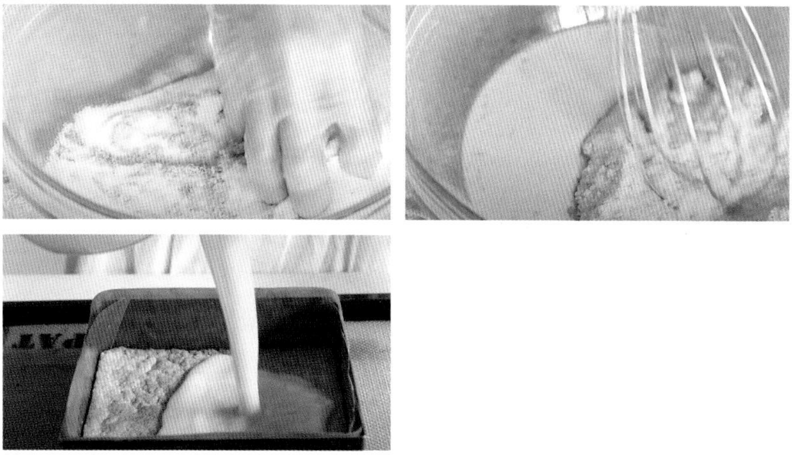

보관

• 밀폐용기에 담거나 잘라서 개별 포장하여 냉장 3~4일, 냉동 약 3주 정도 보관 가능합니다.

블루베리 크럼블 케이크

▲ GO TO VIDEO

크럼블과 블루베리, 체리, 딸기, 라즈베리 등 베리 종류 과일은 참 잘 어울리는 조합이에요. 크럼블과 베리를 사용해서 디저트를 만들 때에는 단순하게 크럼블에 과일만 더해서 오븐에 굽거나, 크럼블 반죽을 바닥에 깔고 과일 위에도 올려서 바 형태로 만들기도 하지만, 저는 바닥부분 케이크 반죽을 따로 만들어서 크럼블로만 만든 것보다 좀 더 촉촉하고 케이크 같은 느낌을 살려보았어요.

재료

크럼블

박력분 40g, 아몬드 가루 40g, 무염버터 40g, 황설탕 40g, 아몬드 슬라이스 20g, 시나몬 파우더 0.5g, 소금 한 꼬집

케이크

무염버터 80g, 백설탕 70g, 계란 50g, 박력분 100g, 우유 45g, 바닐라 익스트랙 2g, 소금 한 꼬집

블루베리 필링

생과 또는 냉동 블루베리 150g, 백설탕 30g, 옥수수 전분 7g

미리 준비하기

- 모든 재료는 실온 상태로 준비하세요.
- 박력분은 체를 쳐 두세요.
- 틀에 유산지나 테프론 시트를 재단해 깔아 두세요.
- 오븐을 실제 굽는 온도보다 20~30도 높게 최소 20분 이상 충분히 예열해 주세요.

만드는 법

크럼블

1 볼에 모든 재료를 담고 손가락을 사용해서 으깨듯이 섞어 크럼블 상태로 만들어 주세요.

2 아몬드 슬라이스를 넣고 고루 섞어 주세요.

3 사용하기 전까지 냉장고에서 휴지시켜 차갑고 단단한 상태로 만들어 주세요.

» 크럼블이 완전히 단단해지지 않은 상태에서 오븐에 구우면 퍼지므로 꼭 충분히 휴지시켜 주세요.

1 2

▲ HOW TO MAKE

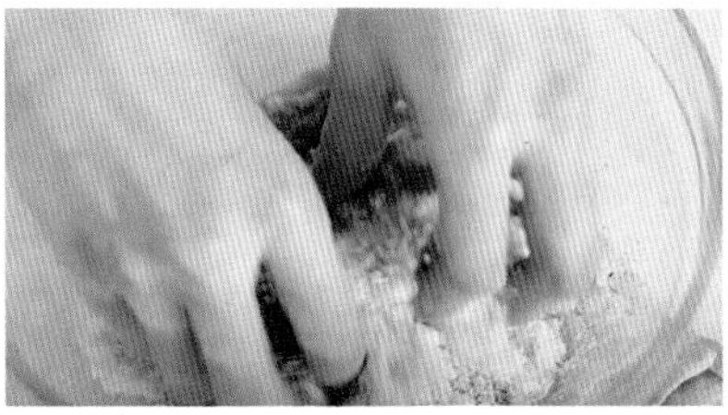

케이크

1 실온 상태의 부드러운 버터를 볼에 담고 가볍게 풀어 주세요.

2 소금, 백설탕을 넣고 버터의 색이 밝아지고 부피가 1.5배 정도로 커질 때까지 핸드믹서로 휘핑하세요.

3 2 에 실온 상태의 계란과 바닐라 익스트랙을 3~4번에 나눠 넣어가며 휘핑하세요.

4 3 에 체 친 박력분을 넣고 주걱으로 가볍게 섞어 주세요.

5 실온 상태의 우유를 넣고 주걱으로 섞어서 반죽을 완성해 주세요.

2 5

▲ HOW TO MAKE

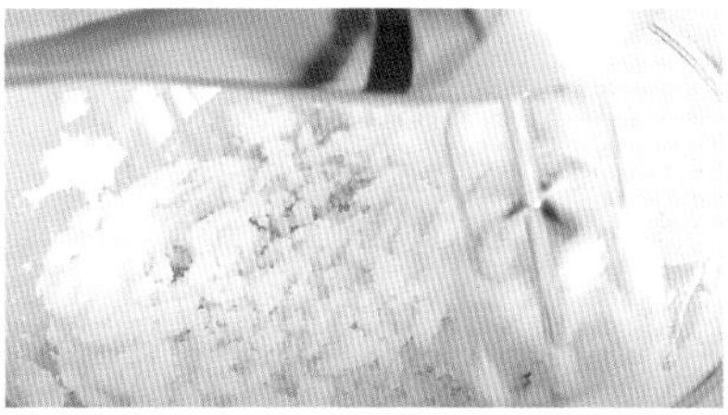

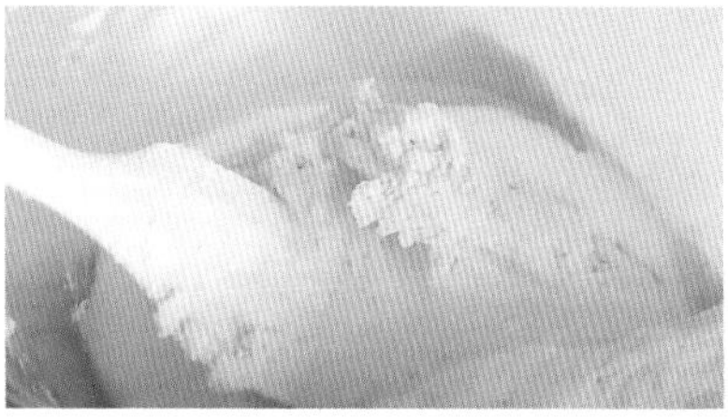

블루베리 필링

1 블루베리, 백설탕, 옥수수 전분을 볼에 담으세요.

» 냉동 블루베리 사용 시 해동하지 않은 상태로 사용해 주세요.

2 잘 섞어서 블루베리 표면에 설탕과 전분을 입혀 주세요.

» 표면에 잘 묻지 않을 경우 약간의 레몬즙을 뿌려 추가하셔도 됩니다.

3 틀에 케이크 반죽 - 블루베리 필링- 크럼블 순서로 올려 주세요.

4 미리 예열한 오븐에 170도에서 40분 동안 구워 주세요.

1	3
3	3

▲ HOW TO MAKE

보관

- 밀폐용기에 담거나 잘라서 개별 포장하여 실온 약 3일, 냉동 약 2주 정도 보관 가능합니다.

진한 초코 머핀

▲ GO TO VIDEO

'초콜릿을 녹여 넣지 않고, 쉬운 공정으로 진하고 맛있는 초코 머핀을 만들 수 있을까?'라는 물음에서부터 시작된 레시피예요. 버터 대신 오일이 들어가는 케이크류는 오일의 선택이 맛에 큰 영향을 끼치는데, 개봉한지 오래되거나 산패가 진행된 오일을 사용하면 굽고 난 후 머핀에서 기름 쩐내가 심하게 날 수 있어요. 반드시 향이 없고 개봉한 지 오래되지 않은 신선한 오일을 사용해 주세요.

재료

높은 머핀틀 6개 분량

계란 73g, 백설탕 53g, 꿀 16g, 소금 1g, 식물성 오일 60g, 생크림 93g, 박력분 71g, 코코아 파우더 33g, 아몬드 파우더 30g, 베이킹파우더 3g, 초코칩 82g

미리 준비하기

- 모든 재료는 실온 상태로 준비하세요.
- 박력분, 코코아 파우더, 아몬드 파우더, 베이킹파우더는 잘 섞어서 함께 체 쳐 두세요.
- 머핀팬에 유산지로 된 머핀컵을 깔아 두세요.
- 오븐을 실제 굽는 온도보다 20~30도 높게 최소 20분 이상 충분히 예열해 주세요.

만드는 법

1 계란을 볼에 담고 거품기로 잘 풀어 주세요.

2 1 에 백설탕, 소금, 꿀을 넣고 섞어 주세요.

3 2 에 식물성 기름을 넣고 잘 섞어 주세요.

4 3 에 생크림을 넣고 잘 섞어 주세요.

5 체 쳐둔 박력분, 코코아 파우더, 아몬드 파우더, 베이킹파우더를 넣고 거품기로 잘 섞어 주세요.

» 이 단계에서 너무 많이 휘저으면 식감이 떡지고 질겨질 수 있으니 가루가 안 보일 때까지만 가볍게 섞어 주세요.

6 초코칩을 넣고 주걱으로 섞어 반죽을 완성하세요.

7 반죽을 짤주머니에 담아 머핀팬에 70%씩 채우고, 미리 예열한 오븐에 160도에서 25분 동안 구워 주세요.

1	4
5	6
7	7

▲ HOW TO MAKE

보관

• 밀폐용기에 담거나 개별 포장하여 실온 3일, 냉동 3주 정도 보관 가능합니다.

블루베리 크럼블 머핀

▲ GO TO VIDEO

볼과 거품기만 있으면 완성되는, 쉽고 맛있는 머핀이에요. 요거트가 들어가 촉촉한 머핀 반죽과 윗면에 가득 올려진 바삭바삭한 크럼블이 조화로워요. 이렇게 재료를 거품기로 섞기만 해서 굽는 반죽을 만드실 때는 밀가루를 넣은 후 절대로 반죽을 많이 휘젓지 마시고 날가루가 보이지 않을 때까지만 최소한으로 섞어 주세요. 너무 많이 휘저으면 밀가루와 수분이 만나 형성되는 글루텐이 과도하게 생겨 식감이 떡지고 질겨질 수 있어요.

재료
낮은 머핀팬 6개 분량

크럼블
무염버터 22g, 박력분 30g, 아몬드 가루 30g, 백설탕 22g, 소금 한 꼬집

블루베리 머핀
계란 100g, 백설탕 110g, (무가당)그릭요거트 90g, 박력분 130g, 베이킹파우더 3g, 무염버터 50g, 생과 또는 냉동 블루베리 80g

미리 준비하기

- 모든 재료는 실온 상태로 준비하세요.
- 박력분, 베이킹파우더는 잘 섞어서 함께 체 쳐 두세요.
- 머핀팬에 유산지로 된 머핀컵을 깔아 두세요.
- 오븐을 실제 굽는 온도보다 20~30도 높게 최소 20분 이상 충분히 예열해 주세요.
- 반죽 쪽에 들어가는 버터는 액체 상태로 녹여 두세요.

만드는 법

크럼블

1 모든 재료를 볼에 함께 넣고 손가락으로 으깨듯이 비벼서 보슬보슬한 크럼블 상태로 만들어 주세요.

2 완성된 크럼블을 차갑고 단단해질 때까지 냉동실에서 굳혀 주세요.

» 크럼블이 완전히 단단해지지 않은 상태에서 오븐에 구우면 퍼지므로 꼭 충분히 휴지시켜 주세요.

1	2

▲ HOW TO MAKE

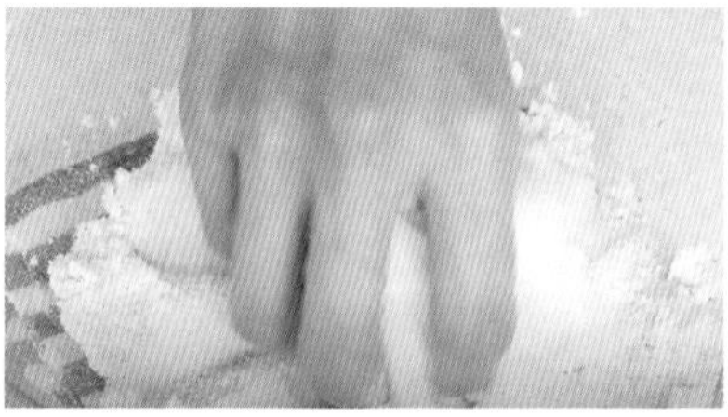

블루베리 머핀

1 볼에 실온 상태의 계란과 설탕을 넣고 거품기로 잘 섞어 주세요.

2 1 에 실온 상태의 그릭요거트를 넣고 거품기로 잘 섞어 주세요.

3 2 에 체 쳐준 가루를 넣고 거품기로 가루가 보이지 않을 때까지만 가볍게 섞어 주세요.

4 3 에 녹여둔 버터를 넣고 섞어 주세요.

5 4 에 블루베리를 넣고 섞어 주세요.

» 냉동 블루베리를 사용하실 경우, 별도의 해동 없이 차가운 상태로 반죽에 바로 넣어 섞어 주세요.

6 완성된 반죽을 틀에 80%씩 팬닝하고 그 위에 차갑게 만들어 둔 크럼블을 올려 주세요.

7 예열해 둔 오븐에 160도에서 25분 동안 구워 주세요.

2	4
5	6
6	7

▲ HOW TO MAKE

보관

- 밀폐용기에 담거나 개별 포장하여 실온 3~4일, 냉동 약 2주 정도 보관 가능합니다.

초코 바나나 브레드

▲ GO TO VIDEO

바나나 브레드를 별로 좋아하지 않는 개인적인 취향 때문에, 초코 맛을 더해서 더 맛있게 먹고 싶어 만들게 된 디저트예요. 촉촉한 바나나 브레드 반죽에 쌉싸름한 코코아 파우더가 더해지니 반죽에 초콜릿이 들어가지 않았는데도 촉촉하고 진한 맛이 일품이랍니다. 코코아 파우더를 동량의 박력분으로 대체해 기본 바나나 브레드로 응용해 보셔도 좋아요.

재료

17×7×5.5cm
파운드틀 1개 분량

바나나 200g, 식물성 오일 70g, 계란 100g, 바닐라 익스트랙 2g, 황설탕 90g, 소금 1g, 박력분 130g, 코코아 파우더 28g, 베이킹 소다 3g, 베이킹파우더 2g, 초코칩 40g

미리 준비하기

- 박력분, 코코아 파우더, 베이킹 소다, 베이킹파우더는 함께 잘 섞어서 체 쳐 두세요.
- 틀에 유산지나 테프론 시트를 재단해 깔아 두세요.
- 오븐을 실제 굽는 온도보다 20~30도 높게 최소 20분 이상 충분히 예열해 주세요.

만드는 법

1 볼에 잘 익은 바나나를 담아 곤죽이 될 때까지 곱게 으깨 주세요.
2 오일을 넣고 기름이 겉돌지 않고 바나나와 잘 섞일 때까지 거품기로 섞어 주세요.
3 실온 상태의 계란과 바닐라 익스트랙을 넣고 섞어 주세요.
4 황설탕과 소금을 넣고 섞어 주세요.

5 박력분, 코코아 파우더, 베이킹 소다, 베이킹파우더를 체 쳐서 넣고 가루가 보이지 않을 때까지 섞어 주세요.

6 초코칩을 넣고 섞어 주세요.

7 유산지나 버터를 바른 팬에 반죽을 80% 정도 팬닝하고 예열한 오븐에 160도에서 45~50분 동안 구워 주세요.

1	4
6	7
7	7

▲ HOW TO MAKE

보관

- 밀폐용기에 담거나 비닐로 개별 포장하여 실온 3~4일, 냉동 약 2주 정도 보관 가능합니다.
- 완전히 식힌 후 밀봉해서 하루 정도 실온에 두면 전체적으로 촉촉해지면서 맛이 더욱 좋아집니다.

허니 콘브레드

▲ GO TO VIDEO

콘브레드는 발효 없이 베이킹 소다나 베이킹파우더를 이용해 부풀려 만드는 퀵브레드의 일종인데, 모든 재료를 간단히 섞어 굽기만 하면 완성되고, 반죽 휴지나 발효가 필요하지 않아 미국 가정집에서 많이 굽는 서민적인 빵이랍니다. 거친 콘밀 입자가 살짝 씹히면서 구수한 옥수수의 풍미가 마치 미국 남부 시골 할머니가 아침에 구워서 내어주실 법한 맛이에요. 우리에게도 포근하고 친숙하게 느껴지는 맛이라 주말 아침 브런치에 곁들일 빵으로 제격이에요.

재료

8인치 스킬렛 또는
가로×세로 16.5cm
정사각틀 1개 분량

백설탕 30g, 중력분 65g, 미디엄 그라인드 콘밀 65g, 베이킹파우더 5g, 소금 2g, 꿀 40g, 계란 50g, 우유 60g, 생크림 60g, 식물성 오일 20g, 무염버터 30g

미리 준비하기

- 백설탕, 중력분, 콘밀, 베이킹파우더, 소금은 함께 잘 섞어서 체 쳐 주세요.
- 버터는 전자레인지나 중탕으로 녹여 액체 상태로 만들어 주세요.
- 오븐을 실제 굽는 온도보다 20~30도 높게 최소 20분 이상 충분히 예열해 주세요.
- 무쇠 스킬렛을 사용하실 경우 오븐 예열시 스킬렛을 같이 넣어 함께 예열해 주세요.
- 정사각틀을 사용하실 경우 틀에 유산지나 테프론 시트를 미리 재단하여 깔아 두세요.

만드는 법

1 볼에 체 친 가루 재료들을 담아 주세요.

2 다른 볼에 계란, 우유, 생크림, 꿀, 오일, 녹인 버터를 담아 잘 풀어서 섞어 주세요.

3 1 에 2 를 두 번에 걸쳐 나누어 넣고 섞어 주세요.

4 틀에 반죽을 붓고, 예열한 오븐에 170도에서 20분 동안 구워 주세요. (8인치 스킬렛 : 약 17분)

1	2
3	4

▲ HOW TO MAKE

보관

- 밀폐용기에 담거나 비닐로 개별 포장해 실온 3일, 냉동 약 2주 정도 보관 가능합니다.

○ ○ ○

알밤케이크

▲ GO TO VIDEO

밤 페이스트와 보늬밤이 들어가 밤 맛이 듬뿍 나는 귀여운 밤 모양의 미니 케이크예요. 가을철마다 햇밤으로 보늬밤을 만들고 나면 꼭 이 케이크를 만드는데, 귀엽고 맛있어서 선물하면 주변에서 정말 좋아해요. 저는 장식용으로 포피씨드를 사용했는데, 한국에서는 구하기 어려운 재료이니 치아씨드나 참깨를 활용해 보셔도 좋아요.

재료

밤 모양 케이크 6개 분량

밤 페이스트 50g, 다크럼 13g, 무염버터 35g, 아몬드 가루 40g, 박력분 10g, 베이킹파우더 1g, 황설탕 25g, 계란 32g, 계란 노른자 18g, 우유 10g, 보늬밤 6알, 흰색 포피씨드 적당량, 다크 코팅 초콜릿 적당량

미리 준비하기

tip 보늬밤 만들기 참고 p248

- 보늬밤은 시판용을 사용하거나 직접 만들어 사용할 수 있습니다.
- 모든 재료는 실온 상태로 준비하세요.
- 가루 재료들은 모두 함께 잘 섞은 다음 체 쳐 두세요.
- 틀에 실온 상태의 버터를 붓으로 얇게 칠해 두세요.
- 오븐을 실제 굽는 온도보다 20~30도 높게 최소 20분 이상 충분히 예열해 주세요.

만드는 법

1 볼에 실온 상태의 밤 페이스트를 넣고 주걱으로 눌러서 가볍게 풀어 주세요.
2 1 에 다크림을 넣고 섞어 주세요.
3 2 에 실온 상태의 부드러운 버터를 넣고 균일한 상태가 되도록 섞어 주세요.
4 다른 볼에 체에 친 박력분, 아몬드 가루, 황설탕을 넣어 주세요.
5 4 에 계란과 계란 노른자를 넣고 섞어 주세요.
6 3 에 5 를 절반씩 두 번에 걸쳐서 넣어가며 거품기로 잘 섞어 주세요.
7 실온 상태의 우유를 넣고 고루 섞일 때까지 섞어 주세요.
8 완성된 반죽을 짤주머니에 담아 몰드에 70%씩 채우고, 보늬밤을 한 알씩 넣어 주세요.
9 예열한 오븐에 170도에서 20분 동안 구워 주세요.
10 케이크가 완전히 식으면 다크 코팅 초콜릿을 녹여서 케이크의 아랫부분에 초콜릿을 묻혀 주세요.
11 초콜릿이 굳기 전에 포피씨드를 묻혀 완성해 주세요.

6	8
10	11

▲ HOW TO MAKE

보관

- 밀폐용기에 담거나 비닐에 개별 포장하여 실온 약 4일, 냉동 약 3주 정도 보관 가능합니다.
- 밀봉 후 실온에서 하루 정도 지나면 전체적으로 수분이 골고루 퍼져서 케이크가 더욱 촉촉해집니다.

말차 테린느

▲ GO TO VIDEO

'테린느(테린)'은 원래 프랑스의 전통 요리 방식 중 하나로, 사각형 모양의 틀에 으깬 고기나 내장을 눌러 굳혀낸 것을 뜻해요. 최근 디저트 씬에서의 테린느는 대개 밀가루가 거의 들어가지 않은, 수분감 많은 반죽을 녹진한 식감을 갖도록 중탕으로 익혀낸 후 차갑게 식힌 디저트를 말합니다. 테린느는 생초콜릿과 브라우니의 중간 정도 식감을 가지고 있는데, 입에서 녹아 없어지는 맛이 매력적인 디저트예요.

재료
가로×세로×높이
17×7×5.5cm
직사각틀 1개 분량

화이트 커버춰 초콜릿 95g, 무염버터 87g, 백설탕 28g, 꿀 15g, 계란 120g, 박력분 10g, 말차 가루 8g

미리 준비하기

- 모든 재료는 실온 상태로 준비하세요.
- 박력분은 체를 쳐 두세요.
- 틀에 유산지나 테프론 시트를 재단해 깔아 두세요.
- 오븐을 실제 굽는 온도보다 20~30도 높게 최소 20분 이상 충분히 예열해 주세요.

만드는 법

1 좁고 깊은 용기에 화이트 커버춰 초콜릿을 넣고 전자레인지 또는 뜨거운 물 위에서 중탕으로 완전히 녹여 주세요.

» 화이트 초콜릿은 분유 성분 때문에 45도 이상에서 덩어리지기 쉬워요. 중탕으로 녹일 경우 끓고 있는 물이 아닌 뜨거운 물을 사용하고, 전자레인지를 사용하실 경우 한 번에 10~20초씩 작동시켜 가면서 잘 섞어 주세요.

2 말차 가루를 넣고 거품기로 잘 섞어 주세요.

» 말차 가루는 액체에 넣으면 덩어리지기 쉽지만 녹인 초콜렛과 섞으면 덩어리가 생기지 않고 잘 풀려요.

3 40~50도 정도로 따뜻하게 녹인 버터를 넣고 섞어 주세요.

4 다른 볼에 실온 상태의 계란, 백설탕과 꿀을 넣고 거품기로 섞어 주세요.

» 반죽에 공기가 많이 유입되면 오븐 안에서 테린느가 크게 부풀어 올라요. 모든 재료가 잘 섞일 때까지만 가볍게 섞어 주세요.

5 녹인 버터와 화이트 초콜릿이 담긴 비커에 **4** 를 넣고 핸드블렌더로 유화해 주세요.

» 만약 핸드블렌더가 없다면 거품기를 사용해 반죽에 공기가 들어가지 않도록 천천히 조심스럽게 섞어 주세요.

6 체 친 박력분을 넣고 핸드블렌더로 섞어서 반죽을 완성해 주세요.

7 틀에 반죽을 팬닝하고, 틀을 가볍게 몇 번 떨어뜨려 여분의 기포를 빼 주세요.

8 넓고 얕은 팬에 뜨거운 물을 담은 후 그 위에 틀을 올리고, 140도에서 1시간 동안 중탕으로 익혀 주세요.

» 테린느는 낮은 온도에서 천천히 찌듯이 익히는 것이 포인트예요. 너무 고온에서 굽거나 오버쿡 되면 특유의 녹는 식감이 나지 않으니 주의하세요.

» 컨벡션 오븐의 경우 강한 열풍 때문에 반죽이 급격히 부풀어 오를 수 있으니 굽는 도중 4~5회 오븐 문을 열어 수증기를 빼내 주세요.

» 나무 꼬치로 찔러 보았을 때 약간 묻어나는 시점에서 꺼내 주세요.

9 구워져 나온 테린느는 완전히 굳을 때까지 냉장고에서 틀 채로 반나절 이상 식혀 주세요.

» 테린느를 자를 때, 칼을 불에 데우거나 뜨거운 물에 담갔다가 물기를 닦은 후 자르면 깔끔하게 썰 수 있어요.

CHECK POINT. 9

1	4
6	7
8	9

▲ HOW TO MAKE

보관

- 밀폐용기에 담아 냉장 3~4일, 냉동 3주 정도 보관 가능합니다.

퐁당
오 쇼콜라

▲ GO TO VIDEO

퐁당 오 쇼콜라는 '몰튼 초콜릿 케이크'라고도 불리는데, 초콜릿을 녹여 넣은 진한 초코 케이크 반죽을 오븐에서 짧게 익혀 내부의 초콜릿 소스 같은 반죽과 외부의 초콜릿 케이크가 자연스럽게 어우러지도록 만든 디저트예요. 이 케이크는 제가 뉴욕에서 일했던 '장조지'라는 레스토랑의 시그니처 메뉴이기도 해서 매일같이 많은 양의 반죽을 만들었었는데 굽다가 틀에서 잘 분리되지 않거나 터지는 케이크는 만든 이의 차지였어요. 그렇게 자주 먹어도 질리지 않고 항상 맛있었고, 같이 일하는 친구들도 다들 좋아했던 걸 보면 진한 초콜릿 디저트는 국적을 가리지 않고 사랑받는 것 같아요. 바닐라 아이스크림과 곁들여 먹으면 더 맛있답니다.

재료
지름 7.5cm 원형
라메킨 용기 6개 분량

계란 105g, 백설탕 50g, 무염버터 110g, 다크 커버춰 초콜릿(카카오 고형분 57.9%) 110g, 박력분 30g, 코코아 파우더 16g

미리 준비하기

- 모든 재료는 실온 상태로 준비하세요.
- 박력분과 코코아 파우더는 잘 섞어서 함께 체를 쳐 두세요.
- 오븐을 실제 굽는 온도보다 20~30도 높게 최소 20분 이상 충분히 예열해 주세요.

만드는 법

1 계란에 백설탕을 넣고 거품기로 잘 섞어 주세요.

2 설탕 입자가 모두 녹을 때까지 뜨거운 물 위에서 잘 저어 가며 중탕하세요.

3 무염버터와 다크 커버춰 초콜릿을 볼에 담아 함께 녹여 주세요.

4 2 에 3 을 넣고 거품기로 균일한 반죽이 될 때까지 잘 섞어 주세요.

5 체 친 박력분과 코코아 파우더를 넣고 가루가 보이지 않을 때까지 거품기로 잘 섞어 주세요.

6 머그컵이나 라메킨 등 내열 그릇에 반죽을 70g씩 담고, 예열한 오븐에 180도에서 6~8분 동안 구워 주세요.

1	3
5	6

▲ HOW TO MAKE

보관

- 구워진 퐁당 오 쇼콜라는 냉장 2일까지 보관 가능하며, 드실 때 전자레인지에 약 20초 데워 드시면 됩니다.
- 굽지 않은 반죽은 용기에 팬닝한 후 2일간 보관 가능합니다.

쿠키슈

▲ GO TO VIDEO

쿠키슈는 '슈 오 크라클랭(Choux au craquelin)'이라고도 불리는데, 기본 슈 반죽에 설탕, 버터, 밀가루를 섞은 비스킷 반죽을 올려 구워내 슈의 바삭바삭함을 극대화한 디저트예요. 비스킷 층 때문에 기본 슈보다 바삭함이 더 오래 유지된답니다. 바삭바삭한 식감을 좋아하신다면 분명히 맛있게 드실 수 있을 거예요.

재료

지름 약 7.5cm
슈 11개 분량

스트로이젤(비스킷)
중력분 45g, 백설탕 45g, 무염버터 38g

슈
물 60g, 우유 60g, 무염버터 55g, 소금 2g, 중력분 60g, 계란 110g

디플로마트 크림
우유 472g, 계란 노른자 20g, 백설탕 140g, 박력분 40g, 무염버터 35g, 생크림 200g, 바닐라 빈 1개

미리 준비하기

- 모든 재료는 실온 상태로 준비하세요.
- 밀가루는 미리 체를 쳐 두세요.
- 디플로마트 크림에 들어갈 바닐라 빈은 칼등을 이용해서 씨앗을 긁어내 주세요.
- 오븐을 실제 굽는 온도보다 20~30도 높게 최소 20분 이상 충분히 예열해 주세요.

만드는 법

스트로이젤(비스킷)

1 실온의 부드러운 버터를 주걱으로 가볍게 풀어 주세요.

2 설탕을 넣고 주걱으로 설탕이 서걱거리지 않을 정도까지만 휘저어 섞어 주세요.

3 체 친 중력분을 넣고 주걱으로 자르듯이 섞어 한 덩어리로 만들어 주세요.

4 반죽 앞뒤로 종이호일 또는 비닐 두 장을 깔고, 밀대를 이용해 반죽을 2mm로 밀어 편 다음 냉동실에서 차갑고 단단하게 굳혀 주세요.

5 단단해진 반죽을 지름 5cm 원형 쿠키커터로 찍어내 사용하기 전까지 냉동실에서 차갑게 보관해 주세요.

2	4
5	

▲ HOW TO MAKE

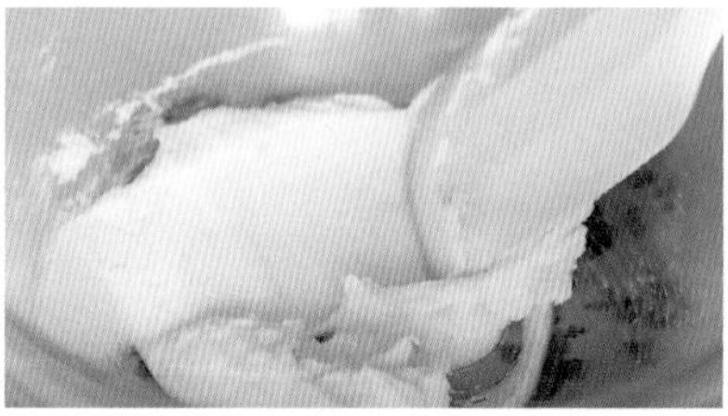
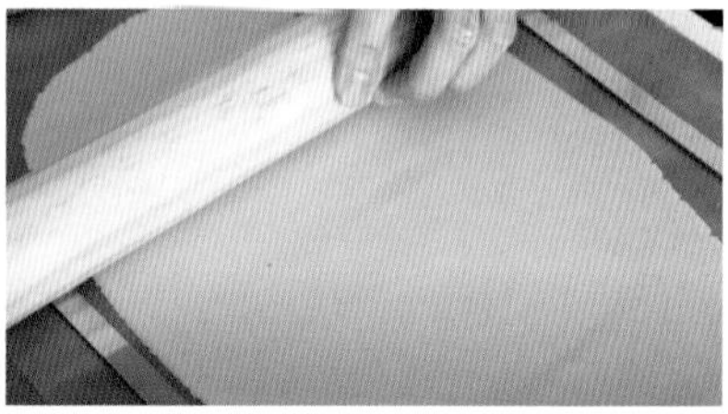
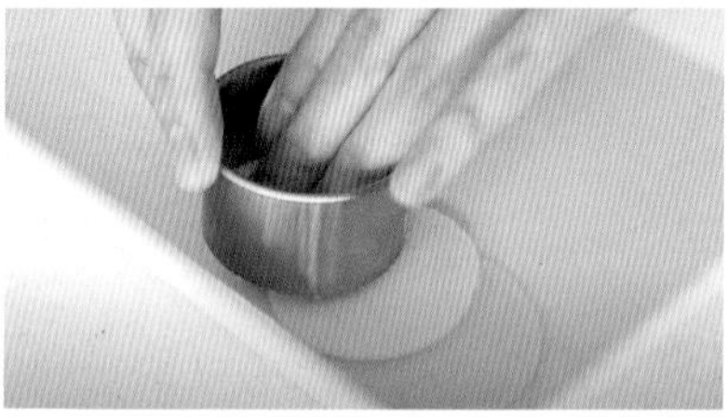

슈

1 냄비에 물, 우유, 버터, 소금을 넣고 중불로 가열하세요.

2 액체가 중앙 부분까지 완전히 끓어오르면 불을 끄고 재빨리 체 친 중력분을 넣어 뭉친 부분 없이 골고루 섞어 한 덩어리로 만들어 주세요.

3 다시 불을 켜고 센 불로 잘 저어 가면서 볶아 반죽을 완전히 호화시켜 주세요.

» 냄비 바닥에 얇은 막이 생길 때까지 주걱으로 반죽을 자르듯이 섞어 가며 볶아 주면 됩니다.

» 호화 : 전분에 열을 가하면 팽창하여 점도가 높은 반투명의 상태로 변하는 것. 슈 반죽에 들어있는 호화된 밀가루가 오븐에서 열을 받으면 탄력 있게 팽창하면서 공처럼 부풀며 안쪽이 텅 비는 원인이 됩니다.

4 호화된 반죽에 계란을 조금씩 넣어가면서 섞어 알맞은 되기의 반죽을 만들어 주세요.

» 이때, 너무 뜨거운 반죽에 계란을 바로 넣으면 계란이 익어버릴 수 있으므로 60도 이하로 식힌 후 계란을 넣어 주세요.

» 주걱으로 반죽을 떨어뜨려 보았을 때, 끝이 끊기지 않고 매끄러운 삼각형 모양을 이루며 떨어지면 됩니다. 호화의 정도에 따라 레시피에 제시된 계란의 양이 남거나 조금 더 필요할 수 있습니다.

5 원형 깍지(803호)를 끼운 짤주머니에 완성된 반죽을 담아 지름 5cm의 원형으로 파이핑 해 주세요.

» 원형 쿠키커터에 밀가루를 묻혀 시트 바닥에 미리 표시해 두면 균일한 크기로 파이핑할 수 있어요.

6 얼려 두었던 비스킷 반죽을 파이핑한 슈 표면에 올려 주세요.

7 예열한 오븐에 190도에서 15분 동안 구운 후 온도를 내려서 170도에서 15분 더 구워 주세요.

» 굽는 도중 슈가 완전히 익지 않았을 때 오븐 문을 열면 뜨거운 공기가 빠져나가면서 슈가 쪼그라들 수 있으니 주의하세요.

» 구워져 나온 슈는 완전히 식을 때까지 틀 채로 두어 식히고, 바닥면에 작은 구멍을 내서 크림을 채울 준비를 해 두세요.

1	4
5	6

▲ HOW TO MAKE

디플로마트 크림

1 볼에 계란 노른자와 백설탕을 넣고 섞어 주세요.

2 1 에 체 친 박력분을 넣고 거품기로 섞어 주세요.

3 냄비에 우유와 긁어낸 바닐라 빈 씨앗, 바닐라 빈 껍질을 넣고 가장자리가 끓어오를 때까지 데워 주세요.

» 바닐라 빈 껍질 쪽에도 향이 많이 남아 있으므로 냄비에 함께 넣고 우려낸 후 나중에 체로 걸러 줍니다.

4 2 에 3을 조금씩 부어 가면서 거품기로 잘 섞어 주세요.

5 4 를 다시 냄비에 전부 옮겨 담고 센 불에서 거품기로 잘 저어 가며 가열해 주세요.

6 전분이 호화되어 되직한 질감이 되기 시작하면 계속 힘차게 저으면서 크림에 윤기가 흐르고 다시 약간 묽어질 때까지 가열해 주세요.

7 불에서 내려 버터를 넣고 골고루 섞어 주세요.

8 완성된 커스터드 크림은 뜨거울 때 바로 체에 걸러 주세요.

9 커스터드 크림이 든 볼 밑에 얼음물을 받치고 주걱으로 크림을 저어 가며 온도를 20도 이하로 떨어뜨려 주세요.

» 커스터드 크림은 균 번식이 쉽게 일어나는 크림이고, 40~60도 사이 구간에서 균 번식이 활발하므로 그 구간을 피해 온도를 빠르게 떨어뜨려 주어야 해요.

10 차가운 생크림을 핸드믹서로 단단하게 휘핑해 주세요.

11 식힌 커스터드 크림 쪽에 생크림을 두 번에 나눠 넣어가며 섞어서 디플로마트 크림을 만들어 주세요.

» 생크림의 절반은 힘을 주어 치대듯이 섞고, 나머지는 거품이 꺼지지 않도록 주걱의 날을 세워 가볍게 섞어 주세요.

12 슈 깍지를 끼운 짤주머니에 완성된 디플로마트 크림을 담아 구멍을 낸 쿠키슈 안쪽에 채워 주세요.

2	3
8	10
11	12

▲ HOW TO MAKE

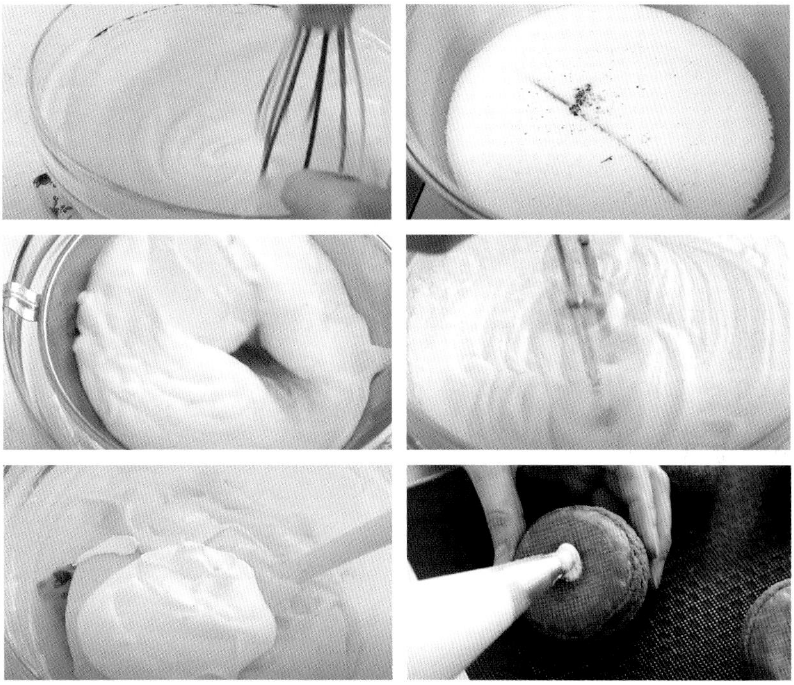

보관

- 완성된 슈는 크림을 채운 후 빠른 시간 내에 먹어야 바삭한 식감으로 드실 수 있습니다.
- 크림을 채운 슈는 냉장 약 2일까지 드실 수 있습니다.
- 굽지 않은 슈 반죽은 파이핑하여 얼린 후 냉동 보관하면 약 2주간 보관 가능하며 구울 때에는 별도의 해동 없이 바로 꺼내서 구우면 됩니다.

피치 코블러

▲ GO TO VIDEO

만드는 법은 간단한데 맛은 결코 간단하지 않은 디저트예요. 틀도 도구도 필요 없고, 우리나라 부침개 반죽 같은 밀가루 반죽과 복숭아를 함께 굽기만 하면 정말 맛있는 홈메이드 간식이 완성되어요. 바닐라 아이스크림 한 스쿱과 함께 곁들이면 손님 초대 요리로도 손색없어요.

재료

가로×세로
28×18cm
오븐 용기 1개 분량

복숭아 필링
황도 600g(큰 복숭아 4개 또는 작은 복숭아 5개), 황설탕 150g, 소금 1g, 레몬즙 15g

코블러
무염버터 100g, 중력분 120g, 황설탕 140g, 베이킹파우더 6g, 소금 1g, 우유 200g, 시나몬 파우더 0.5g

미리 준비하기

- 오븐을 실제 굽는 온도보다 20~30도 높게 최소 20분 이상 충분히 예열해 주세요.

만드는 법

복숭아 필링

1 복숭아의 씨앗을 제거한 후 웨지 모양으로 썰어주세요.

2 썬 복숭아와 황설탕, 소금, 레몬즙을 잘 버무린 후 냄비에 넣어 전체적으로 끓어오르고 설탕이 다 녹을 때까지 가볍게 가열하세요.

1	2

▲ HOW TO MAKE

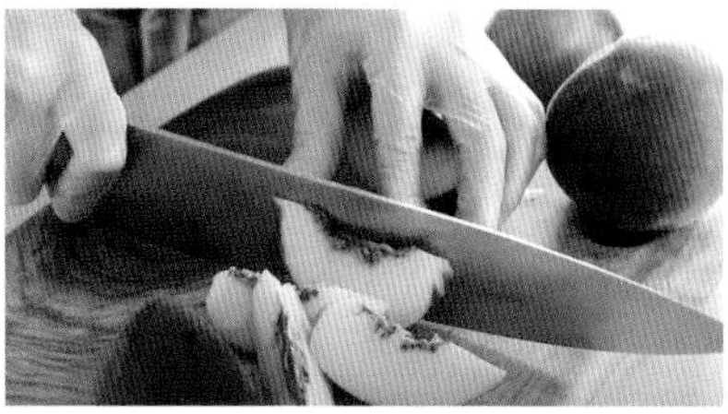

코블러

1 분량의 무염버터를 잘게 썰어 준비한 그릇에 넣고 예열 중인 오븐에 넣어 액체 상태로 녹여 주세요.

2 중력분, 황설탕, 베이킹파우더, 소금을 볼에 넣고 거품기로 골고루 섞어 주세요.

3 2 에 우유를 넣고 덩어리가 없을 때까지만 거품기로 가볍게 섞어 주세요.

4 버터를 녹인 그릇에 3 의 반죽을 부어 주세요.

» 이때 젓거나 섞지 말고, 액체 상태인 버터 위에 반죽을 조심스럽게 부어 주세요.

5 만들어 둔 복숭아 필링을 즙까지 전부 4 위에 올리고 시나몬 파우더를 표면에 솔솔 뿌려 주세요.

6 예열한 오븐에 170도에서 40분 동안 구워 주세요.

2	3
4	5

▲ HOW TO MAKE

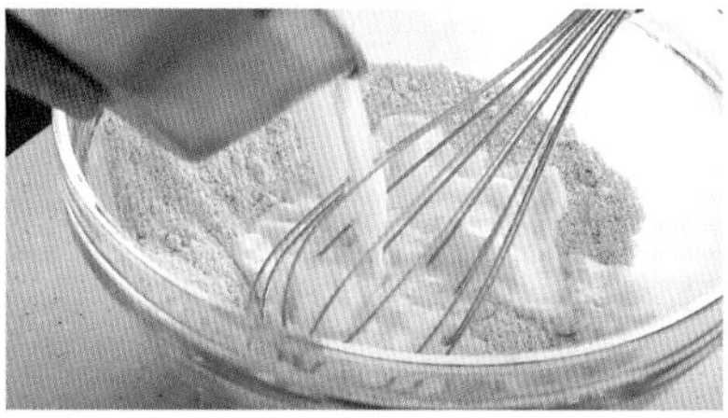

보관

• 완성된 피치 코블러는 굽자마자 한 김 식힌 후 따뜻할 때 드시는 것이 가장 맛있으며, 3일 정도 냉장 보관 가능합니다.

06 SIMPLE DESSERT 간단한 디저트

보늬밤
캐러멜 커스터드 푸딩
크렘브륄레
전자레인지 브라우니
소프트 캐러멜
버터 피칸 토피
허니콤 토피
딸기 판나코타
누가
그래놀라

보늬밤

▲ GO TO VIDEO

영화 <리틀포레스트>에 나와 더욱 유명해진 밤조림, 보늬밤입니다. '보늬밤'이란 밤의 속껍질을 제거하지 않고 남겨둔 다음, 속껍질의 떫은맛을 제거하여 설탕과 함께 졸인 것이에요. 보늬밤은 그냥 먹어도 맛있지만 베이킹에도 자주 사용되는 재료로, 밤 맛 케이크나 구움과자를 만들 때 꼭 필요하답니다. 오랫동안 저장이 가능해 햇밤이 나는 제철에 잔뜩 만들어 두었다가 일년 내내 두고두고 다용도로 활용할 수 있어요.

재료

밤 적당량, 설탕 적당량, 베이킹 소다 1티스푼

만드는 법

1 밤에 끓는 물을 부어 20분 정도 불려 주세요.

» 밤의 껍질을 불려서 쉽게 까기 위해 필요한 과정이에요.

2 칼로 밤의 겉껍질을 제거해 주세요.

» 밤의 속살이 노출되면 끓이다가 부서지기 쉬워요. 속살이 가능한 노출되지 않도록 조심스럽게 제거해 주세요.

» 인터넷에 '율피밤'으로 검색하시면 겉껍질을 제거한 밤을 손쉽게 구입하실 수 있어요.

3 냄비에 겉껍질을 깐 밤과 베이킹 소다 1티스푼을 넣고, 물을 자박하게 부어 20분 동안 끓여 주세요.

» 베이킹 소다는 밤 껍질의 떫은맛을 제거하고 껍질을 연하게 해줘요.

4 물을 계속 새로 갈아 가면서 각 20분씩 총 3회 더 끓여 주세요.

» 만약 이 과정을 완료한 후, 껍질을 드셔 보았을 때 떫은맛이 조금이라도 느껴지면 물을 새로 갈아서 한 번 더 끓여 주세요.

5 밤 겉에 있는 심지와 털을 깨끗이 제거한 후, 밤의 무게를 재어 보세요.

6 냄비에 밤과 밤 무게의 절반의 설탕을 넣고 냄비 뚜껑을 덮어 약불로 30분 정도 끓여 주세요.

» 밤이 단단함 없이 부드럽게 부서질 때까지 익혀 주세요.

2	2
4	5
6	6

▲ HOW TO MAKE

보관

- 보늬밤과 시럽이 뜨거울 때 미리 소독한 병에 넣어서 진공을 잡으면 냉장고에서 6개월 이상 보관하실 수 있어요.
- 만약 병입해서 진공 처리하지 않은 보늬밤이라면 냉장 약 1주일, 냉동 3~4달 정도 보관 가능합니다.
- 완성된 보늬밤은 만든 당일에 드시는 것보다 시간이 지나 숙성되면 더 맛있습니다.

캐러멜 커스터드 푸딩

▲ GO TO VIDEO

계란으로 만드는 대표적인 디저트 중 하나인 커스터드 푸딩은 부드러운 식감과 달콤한 맛 때문에 누구나 좋아할 만한 간식이에요. 중탕물과 함께 오븐에서 익히는 방법도 있지만 냄비에서 약불로 찌듯이 익혀내면 오븐 없이도 손쉽게 만드실 수 있답니다.

재료

윗지름 75mm, 아랫지름 60mm, 높이 38mm 스테인리스 푸딩컵 3개 분량

캐러멜 시럽

백설탕 60g, 물(A) 12g, 물(B) 12g(조절용)

커스터드 푸딩

우유 140g, 생크림 25g, 계란 1개, 노른자 2개, 설탕 47g, 바닐라 빈 페이스트 2g

tip 바닐라 빈 페이스트가 없다면 바닐라 익스트랙 2g 또는 바닐라 빈 1cm로 대체 가능합니다.

만드는 법

■ 캐러멜 시럽

1 백설탕과 물(A)를 냄비에 담고 약불에서 가열해 주세요.

» 설탕과 물을 함께 끓일 때는 항상 설탕보다 물을 먼저 넣는 것이 좋아요. 설탕을 먼저 넣으면 바닥부분이 물에 젖지 않아 골고루 가열되지 않을 수 있습니다.

2 설탕이 완전히 녹고, 갈색이 돌 때까지 젓지 말고 천천히 끓이세요.

3 원하는 색이 되면 불을 끄고 따뜻한 물(B)를 조금씩 넣으세요.

» 이때 뜨거운 캐러멜이 튀어 오르므로 손에 화상을 입지 않게 주의하세요.

4 캐러멜이 굳기 전에 푸딩 틀 바닥에 바로 부어 주세요.

2 4

▲ HOW TO MAKE

커스터드 푸딩

1 볼에 우유와 생크림, 백설탕과 바닐라 빈 페이스트를 넣고 섞어 주세요.

2 1 을 약 60~70도 정도로 따뜻하게 데워 주세요.

» 설탕이 액체 안에 완전히 녹고, 모든 재료들이 골고루 잘 섞이게 하기 위해서 살짝 데워 줍니다.

3 다른 볼에 분량의 계란과 노른자를 넣고 섞어 주세요.

4 3 에 2 를 조금씩 부어 가며 잘 섞어 주세요.

5 4 를 체에 한 번 거르고, 미리 캐러멜 시럽을 부어 놓은 푸딩 틀에 담아 주세요.

6 푸딩 틀에 호일을 잘라서 덮어 주세요.

7 약한 불에서 15~20분 동안 찌듯이 익혀 주세요.

» 냄비에 뜨거운 물을 담고, 찜판 위에 푸딩컵을 올려놓고 찌듯이 익혀 주세요.

» 찜판이 없을 경우 냄비 바닥에 천을 깔고 푸딩컵을 올려놓은 후 뜨거운 물을 부어 아주 약한 불로 익혀 주세요.

» 오븐 사용 시 150도에서 20분 정도 중탕으로 구워 주세요.

8 냉장고에서 2시간 이상 식힌 후, 꼬챙이로 푸딩과 틀 사이를 빙 둘러 떼어낸 다음 조심스럽게 뒤집어서 그릇에 담아 주세요.

1	5
5	7
8	8

▲ HOW TO MAKE

보관

- 푸딩 틀 채로 랩을 씌워 냉장에서 2~3일 정도 보관 가능합니다.

크렘브륄레

▲ GO TO VIDEO

크렘브륄레(Crème brûlée)는 프랑스어로 '탄 크림(Burnt cream)'이라는 의미로, 구운 커스터드 위에 설탕을 뿌려 캐러멜라이즈 한 프렌치 디저트예요. 크림처럼 부드러운 커스터드와 바삭하고 단단한 캐러멜 설탕막의 대비 때문에 더욱 맛있게 느껴지는 디저트예요. 미리 만들어서 냉장고에 보관해 두었다가 손님 초대 시에 꺼내서 직접 설탕을 토치로 캐러멜라이징해서 내어주면 인기 만점이랍니다.

재료
지름 9cm 라메킨 4개 분량

생크림 280g, 우유 50g, 설탕 40g, 노른자 60g, 바닐라 빈 반 개, 백설탕 적당량

tip 바닐라 빈이 없다면 바닐라 익스트랙 3g으로 대체 가능합니다.

미리 준비하기

- 바닐라 빈은 칼등을 이용해서 씨앗만 긁어내 주세요.

만드는 법

1 노른자에 전체 설탕양의 약 절반 정도를 넣고 설탕이 서걱거리지 않을 때까지 섞어 주세요.
2 냄비에 바닐라 빈과 생크림, 우유, 남은 설탕 전부를 넣고 냄비 가장자리가 끓어오를 때까지만 살짝 데워 주세요.
3 2 를 1 쪽에 조금씩 부어가면서 거품기로 섞어 주세요.
4 3 을 체에 걸러 주세요.

5 4를 용기에 담고, 호일로 뚜껑을 덮은 후 약한 불에서 약 30분 동안 찌듯이 익혀 주세요.

» 냄비에 뜨거운 물을 담고, 찜판 위에 라메킨을 올려놓고 찌듯이 익혀 주세요.

» 찜판이 없을 경우 냄비 바닥에 천을 깔고 라메킨을 올려놓은 후 뜨거운 물을 부어 아주 약한 불로 익혀 주세요.

» 오븐 사용 시 150도에서 30분 정도 중탕으로 구워 주세요.

6 냉장고에서 차가워질 때까지 3~4시간 식힌 후, 윗면에 설탕을 뿌려 토치로 캐러멜라이즈 해 주세요.

2	5
5	5
6	6

▲ HOW TO MAKE

보관

- 설탕을 뿌리지 않은 상태로 냉장 2~3일 정도 보관 가능합니다.
- 설탕을 캐러멜라이즈한 이후에는 1시간 이내에 드셔야 수분에 의해 설탕막이 눅눅해지지 않아요.

전자레인지 브라우니

▲ GO TO VIDEO

복잡한 재료 없이, 그리고 저울 계량 없이, 노오븐으로 손쉽게 만들 수 있는 디저트를 생각하다가 고안한 레시피예요. 커버춰 초콜릿이 아닌 마트에서 쉽게 구할 수 있는 일반 초콜릿을 사용하셔도 충분히 맛있지만 밀크 초콜릿보다는 다크 초콜릿을 사용하는 것이 덜 달고 진해서 더 맛이 좋답니다.

재료

버터 3큰술(45g), 설탕 2큰술(25g), 계란 1개(50g), 박력분 3큰술(24g), 다크 초콜릿 70g

tip 초콜릿 겉면에 적힌 전체 무게를 확인한 후, 표시된 칸을 따라 자르면 무게를 쉽게 알 수 있어요.

미리 준비하기

- 계란은 차갑지 않도록 미리 실온에 꺼내 두세요.

만드는 법

1 버터와 다크 초콜릿을 함께 볼에 담아 전자레인지 또는 중탕으로 녹여 주세요.

2 설탕을 넣고 거품기로 섞어 주세요.

3 실온의 계란을 깨서 넣고 거품기로 섞어 주세요.

4 밀가루를 체 쳐서 넣고 거품기로 섞어 주세요.

5 전자레인지용 용기나 컵에 담아 30초씩 두 번 가열하세요. (1000w 전자레인지 기준)

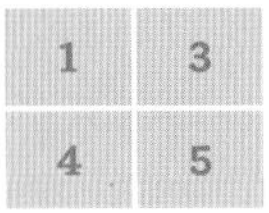

▲ HOW TO MAKE

보관

- 냉장에서 3~4일 정도 보관 가능합니다.
- 따뜻할 때 바로 드시면 촉촉한 식감으로, 냉장 보관 후 차갑게 드시면 꾸덕한 식감으로 드실 수 있습니다.

소프트 캐러멜

▲ GO TO VIDEO

부드럽고 쫀득한 수제 캐러멜은 만드는 과정이 어렵지 않지만 고급스러운 맛이 나서 선물로 아주 좋은 디저트예요. 캐러멜을 만들 때는 끓이는 정도에 따라 수분양이 달라져서 자칫하면 잘 굳지 않거나 너무 딱딱한 식감이 될 수 있어요. 탐침형 온도계로 온도를 정확히 재면서 만들어 주시는 것이 좋은 식감의 캐러멜을 만드는 팁이에요.

재료

가로×세로 16.5cm
정사각 무스링 2호 1개 분량

백설탕 260g, 생크림 220g, 물엿 85g, 물 60g, 무염버터 50g, 소금 1g

미리 준비하기

- 틀에 미리 버터를 얇게 칠해 두세요. 바닥이 뚫려 있는 틀이라면 종이호일이나 테프론 시트를 재단해서 깔아 두세요.

만드는 법

1 냄비에 물, 설탕, 물엿을 넣고 180도가 될 때까지 중약불로 가열하세요.

» 설탕과 물을 함께 끓일 때는 항상 설탕보다 물을 먼저 넣는 것이 좋아요. 설탕을 먼저 넣으면 바닥부분이 물에 젖지 않아 골고루 가열되지 않을 수 있습니다.

» 혼합물이 끓는 동안 분량의 생크림을 미리 따뜻하게 데워 주세요.

2 1이 180도가 되면 불을 끄고 데워 둔 생크림을 조금씩 나눠서 넣으면서 잘 저어 주세요.

» 뜨거운 생크림이 튀어 오르므로 손에 화상을 입지 않게 주의하세요.

» 생크림이 뜨겁지 않으면 잘 섞이지 않고 덩어리가 생기므로 70~80도 정도로 뜨겁게 데워서 넣어 주세요.

3 분량의 소금과 버터를 넣고 잘 저어서 녹여 주세요.

4 3을 다시 중약불에서 저어 가며 가열해서 120도까지 온도를 높여 주세요.

» 수분을 날려서 캐러멜의 농도를 내는 과정이에요.

5 4를 틀 안에 붓고 냉장고에서 최소 3시간 이상 충분히 굳혀 주세요.

» 캐러멜은 실온에서도 잘 굳지만, 냉장고에서 단단하고 차갑게 만들어야 깔끔하게 썰 수 있어요.

6 식칼을 따뜻하게 데운 후 캐러멜을 원하는 크기로 잘라 주세요.

» 캐러멜을 깔끔하게 자르고 싶다면 한번 자른 후 뜨거운 물에 칼을 헹군 후 물기를 닦아서 다시 자르기를 반복하세요.

7 떡 싸개지나 종이호일 등을 잘라서 개별 포장해 주세요.

1	5
6	7

▲ HOW TO MAKE

보관

- 겉이 마르지 않도록 개별 포장 후 실온에서 약 2주 정도 보관 가능합니다.
- 냉장 보관시 단단하고 쫄깃한 식감으로 드실 수 있고, 실온에 두면 더 부드러운 식감으로 드실 수 있습니다.

버터 피칸 토피

▲ GO TO VIDEO

'토피'는 영미권 국가에서 흔히 즐기는, 설탕을 버터와 함께 가열하여 캐러멜화하여 만드는 단단하고 바삭바삭한 사탕과자예요. 토피는 그 자체로도 훌륭한 스낵이지만 저는 여기에 초콜릿과 견과류를 추가해 다채로운 식감과 맛을 더해 보았어요. 캐러멜 맛과 바삭바삭한 식감, 그리고 초콜릿의 진한 달콤함과 견과류의 고소함이 잘 어울리는 맛있는 디저트입니다.

재료

가로×세로
17.5×23.5cm
트레이 1개 분량

무염버터 160g, 백설탕 280g, 물 80g, 소금 2g, 베이킹 소다 1g, 바닐라 익스트랙 2g, 피칸 200g, 세미스윗 또는 다크 초코칩 200g

미리 준비하기

- 사각 트레이에 오일을 살짝 묻힌 후 종이호일이나 테프론 시트를 재단해서 깔아 두세요.
- 피칸은 160도에서 10분 동안 구워 주세요.

만드는 법

1 구운 피칸의 약 절반은 트레이 바닥에 깔고, 나머지 절반은 굵게 다져서 토핑용으로 남겨 두세요.

2 냄비에 물, 설탕, 소금, 버터를 넣고 주걱으로 저어 가면서 150도가 될 때까지 중약불에서 가열해 주세요.

» 온도계가 없을 경우 혼합물의 색이 밝은 갈색이 되었을 때 불을 끄면 됩니다.

» 너무 센 불에서 너무 많이 휘저으면서 가열하면 버터가 분리될 수 있으니 주의하세요.

3 불을 끄고 바닐라 익스트랙과 베이킹 소다를 넣고 섞어 주세요.

4 잘 섞였으면 바로 트레이에 부은 후, 뜨거운 토피 위로 초코칩을 골고루 뿌리고 2~3분 기다려 주세요.

5 초코칩이 토피의 열기에 의해 녹으면, 주걱으로 펼쳐서 평평하게 만들어 주세요.

» 초코칩 대신 커버춰 초콜릿을 템퍼링하여 사용하거나 코팅 초콜릿을 사용하셔도 됩니다. 미국에서는 간편하게 만들기 위해 마트에서 구하기 쉽고 템퍼링 과정이 필요 없는 초코칩을 주로 사용해요.

6 남겨두었던 다진 피칸을 표면에 뿌리고, 냉장고나 냉동실에서 단단해질 때까지 굳혀 주세요.

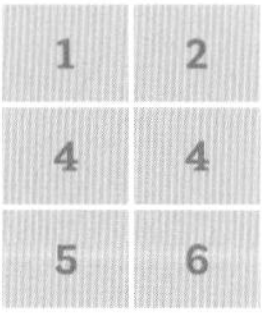

▲ HOW TO MAKE

보관

- 밀폐 용기에 담거나 개별 포장하여 실온에서 일주일까지 보관 가능합니다.
- 공기 중에 습기가 많은 계절에는 방습제와 함께 보관하는 것이 좋습니다.

허니콤 토피

▲ GO TO VIDEO

허니콤 토피는 '스펀지 토피'라고도 불리는 사탕과자인데 모양이 벌집 같다고 해서 '허니콤'이라는 이름이 붙었어요. 영국에서 처음 만들어졌지만 우리나라의 달고나와 재료도 맛도 비슷한 점이 많답니다. 허니콤 토피는 설탕을 달고나보다 더 낮은 온도까지만 가열하기 때문에 캐러멜라이징이 덜 되어 쓴맛이 덜해요. 그러나 달고나보다 더 많은 양의 소다가 들어가기 때문에 많이 부풀면서 벌집 모양의 구조가 생기고, 잘 부서지면서 더 가벼운 식감을 갖고 있어요. 두 설탕과자의 비슷한 점과 다른 점을 비교해 가면서 만들어 보시는 것도 재미있을 거예요.

재료 흰설탕 200g, 물 70g, 물엿 40g, 꿀 10g, 베이킹 소다 10g

미리 준비하기

- 사각 트레이에 오일을 살짝 묻힌 후 종이호일이나 테프론 시트를 재단해서 깔아 두세요.

만드는 법

1 설탕, 물, 물엿, 꿀을 냄비에 담아 중약불로 젓지 말고 150도까지 천천히 끓여 주세요.

» 설탕과 물을 함께 끓일 때, 너무 많이 휘저으면 설탕이 녹았다가 다시 결정화되는 '재결정화'가 일어날 수 있기 때문에 가급적이면 젓지 마시고 재료들이 골고루 섞일 수 있게 이따금 냄비를 잘 흔들어 주세요.

2 150도가 되면 불을 끄고 베이킹 소다를 넣으세요.

3 주걱으로 베이킹 소다가 잘 섞일 때까지 저어 주세요.

» 베이킹 소다가 뭉친 부분은 짠맛과 쓴맛이 나요. 소다가 뭉치지 않게 잘 풀어 주세요.

4 베이킹 소다가 골고루 잘 섞이고 혼합물의 색이 연한 노랑색일 때 재빨리 테프론 시트나 종이호일 위에 부어 주세요.

» 시트 위에 부은 후 천천히 부풀어 오르면 잘 만들어진 것입니다. 만약 물처럼 주르륵 흐르거나 색이 너무 진하다면 3의 과정에서 너무 오래 휘저은 것이에요.

5 완전히 식을 때까지 실온에서 30분 정도 식혀 주세요.

2	3
4	5

▲ HOW TO MAKE

보관

- 공기와 닿으면 금방 끈적해지므로 완전히 식은 후 공기와 차단될 수 있게 밀봉해서 보관하세요.
- 실온에서 약 2주 정도 보관 가능하며, 공기 중에 습기가 많은 계절에는 방습제와 함께 보관하는 것이 좋습니다.

○ ○ ○

딸기 판나코타

▲ GO TO VIDEO

만들기 쉽고, 예쁘고, 맛있어서 딸기 철마다 꼭 만들어 먹는 디저트예요. '판나코타'는 이탈리아어로 '끓인 크림'이라는 뜻으로, 생크림에 젤라틴을 넣어서 굳혀 만든 디저트를 뜻해요. 신선한 생딸기를 직접 갈아 만든 프레시한 딸기 소스와 함께 떠먹는 크리미한 판나코타의 맛은 정말 최고랍니다.

재료

가로×세로 9.5cm
정사각 용기 2개 분량

판나코타

생크림 100g, 우유 100g, 설탕 26g, 판젤라틴 2장(4g), 바닐라 빈 1cm

tip 바닐라 빈이 없을 경우 바닐라 익스트랙 2g으로 대체 가능합니다.

딸기 소스

딸기 125g, 설탕 25g, 레몬즙 5g

미리 준비하기

- 판젤라틴은 미리 얼음물에 10분 이상 불려 두세요.
- 바닐라 빈은 칼등을 이용해서 씨앗만 긁어내 주세요.

만드는 법

판나코타

1 냄비에 우유, 설탕, 긁어낸 바닐라 빈 씨앗을 넣고 따뜻하게 데워 주세요.

» 혼합물은 너무 뜨겁게 끓이지 않아도 돼요. 젤라틴을 녹일 수 있을 정도면 됩니다. (약 50~60도)

2 미리 불려둔 판젤라틴의 물기를 제거하고 1 에 넣어 녹여 주세요.

3 실온의 생크림을 넣고 섞어 주세요.

4 용기에 담아 냉장고에서 2시간 이상 차갑게 굳혀 주세요.

3	4

▲ HOW TO MAKE

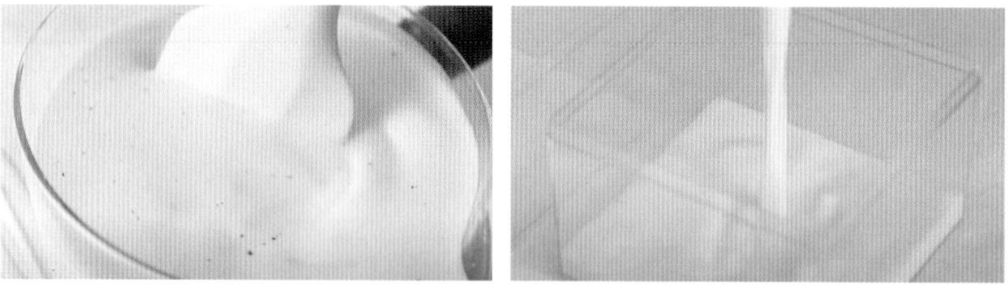

딸기 소스

1 딸기, 설탕, 레몬즙을 함께 곱게 갈아 주세요.

2 굳힌 판나코타 위에 조심스럽게 붓고, 윗면에 생딸기를 올려서 마무리해 주세요.

1	1
2	2

▲ HOW TO MAKE

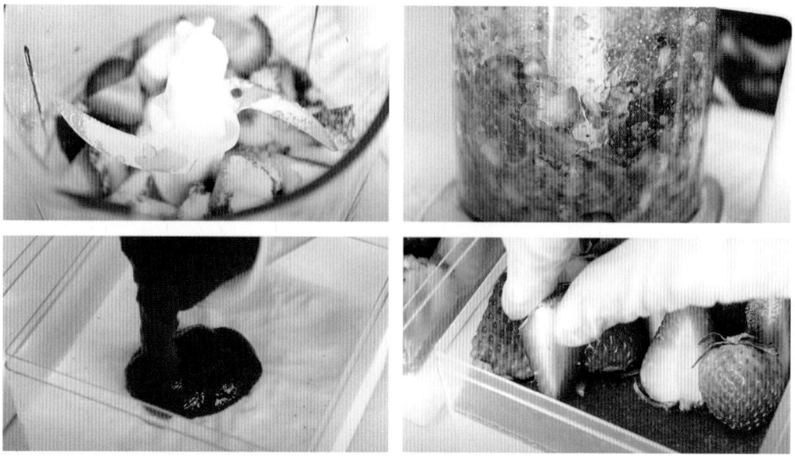

보관

- 생과일이 올라가 있기 때문에 당일 드시는 것이 가장 좋습니다.
- 생과일을 제외한 판나코타 자체는 만든 후 2~3일 정도 냉장 보관 가능합니다.

누가

▲ GO TO VIDEO

'누가'는 천 년 전 고대 페르시아 사람들이 먹었던 기록이 있을 만큼 오래된 당과예요. 달걀 흰자와 꿀, 그리고 견과류가 주재료이며, 프랑스에서는 누가 드 몽테리마(Nougat de Montélimar), 이탈리아에서는 토로네(Torrone)라고 불립니다. 알고 보면 누가는 우리에게도 무척 친숙한 맛인데, 초코바 안에 길게 늘어나는 쫀득한 흰색 물질이 바로 이 누가랍니다.

재료

가로×세로×높이
28.5×20.5×1.8cm
트레이 1개 분량

물 50g, 백설탕 250g, 꿀 250g, 물엿 75g, 흰자 55g, 바닐라 익스트랙 8g, 아몬드 150g, 피스타치오 200g, 헤이즐넛 100g, 크랜베리 40g, 웨이퍼페이퍼 2장

tip 웨이퍼페이퍼는 감자전분, 오일 등으로 이루어진 식용 종이입니다. 웨이퍼페이퍼가 없을 경우 누가 겉면에 전분과 슈가파우더를 1:1로 섞어 묻혀 주면 달라붙는 것을 방지할 수 있어요.

미리 준비하기

- 누가를 부을 트레이 크기에 맞게 웨이퍼페이퍼 2장을 재단해서 준비해 두세요.
- 누가가 달라붙지 않도록 트레이에 랩을 깔고 오일을 얇게 발라 두세요.
- 견과류는 오븐에서 160도로 7분 정도 가볍게 로스팅하고, 크랜베리는 작게 다져 주세요.

만드는 법

1 물, 설탕, 꿀, 물엿을 냄비에 담아 중불로 140도까지 가열해 주세요.

» 혼합물이 위로 높이 끓어오르므로 깊이감이 충분한 냄비를 사용하세요.

2 1 이 120도 정도 되면 스탠드 믹서로 흰자를 휘핑하기 시작하세요.

3 1 이 140도가 되면 불을 끄고, 휘핑하고 있는 흰자 쪽에 조금씩 흘려 넣으면서 계속 휘핑해 주세요.

» 혼합물을 부을 때 흰자 쪽에 거품이 충분히 올라와 있어야 합니다. 만약 거품이 부족한 상태에서 혼합물을 흰자 쪽에 넣게 되면 누가가 찐득해지면서 잘 굳지 않으니 주의하세요.

4 누가가 뽀얗고 단단하게 올라오고, 휘핑을 멈춰도 흐르지 않고 모양을 그대로 유지할 때까지 휘핑해 주세요.

5 4 에 로스팅해 둔 견과류와 크랜베리를 넣고 섞어 주세요.

» 이때 견과류는 따뜻한 상태로 넣어야 누가가 갑자기 굳어버리지 않아요.

6 랩을 깐 트레이에 웨이퍼 페이퍼를 깔고 누가를 부어서 평평하게 채운 후, 웨이퍼 페이퍼를 덮어 실온에서 굳혀 주세요.

» 안쪽까지 완전히 식지 않으면 깔끔하게 잘리지 않아요. 하룻밤 정도 충분히 굳혀 주세요.

7 칼에 전분을 묻혀서 원하는 모양으로 잘라 주세요.

3	5
6	7

▲ HOW TO MAKE

보관

- 비닐로 개별 포장 후 실온 약 2주까지 보관 가능합니다.
- 공기 중에 습기가 많은 계절에는 쉽게 끈적해질 수 있으니 방습제와 함께 보관하는 것이 좋습니다.

그래놀라

▲ GO TO VIDEO

뉴욕에서 요리학교 졸업 후, '일레븐 매디슨 파크'라는 미슐랭 3스타 레스토랑에서 인턴으로 일했는데 그때 매일 아침 출근하자마자 가장 먼저 했던 일이 그래놀라를 만드는 거였어요. 매일같이 만들었던 그래놀라에 저의 취향을 조금씩 더하니 제 입맛에 딱 맞는 정말 맛있는 그래놀라가 되었어요. 키친 막내로 하루 12시간 넘도록 일하면서 고생했던 추억이 담겨있는 소중한 레시피예요.

재료

가로×세로
36×28cm
사각팬 1판 분량

마른 재료

오트밀 150g, 피칸 70g, 아몬드 슬라이스 50g, 코코넛 플레이크 25g, 시나몬 파우더 2g, 건포도 30g, 설타나(건 청포도) 30g

시럽

메이플 시럽 60g, 머스코바도 45g, 올리브 오일 50g, 소금 3g

미리 준비하기

- 마른 재료들은 건포도와 설타나를 제외하고 큰 볼에 미리 골고루 잘 섞어 두세요.
- 오븐을 실제 굽는 온도보다 20~30도 높게 최소 20분 이상 충분히 예열해 주세요.

만드는 법

1 분량의 시럽 재료를 냄비에 다 함께 넣고 한번 후루룩 끓어오를 때까지 끓여 주세요.

» 시럽을 끓이는 과정을 통해 설탕과 소금이 녹고, 재료들끼리 균일하게 잘 섞여 그래놀라의 맛이 더욱 좋아집니다.

2 1을 미리 섞어둔 마른 재료 쪽에 붓고 주걱으로 골고루 잘 섞어 주세요.

CHECK POINT. 3

3 종이호일이나 테프론 시트를 깐 팬에 고르고 얇게 펼친 후 오븐에서 120도로 총 40분 구워 주세요.

» 굽는 도중 2~3회 꺼내서 고르게 구워질 수 있도록 골고루 섞어 줍니다.

4 건포도, 설타나는 처음부터 다른 재료들과 함께 구우면 겉이 마르고 딱딱해지므로 끝나기 5분 전에 넣어서 가볍게 구워 주세요.

1	2
2	3
4	

▲ HOW TO MAKE

보관

- 밀폐용기에 담아 실온 약 3주, 냉동 2~3달 정도 보관 가능합니다.

J'adore

간단한 공정으로 누구나 쉽게 만들 수 있는

즐거움과 특별함이 더해진 자도르의 베이킹 레시피!

누구나 홈 베이킹 『케이크 편』에서 만나보세요!

구움과자편
누구나 홈베이킹
by J'ADORE

발행일 2024년 9월 10일(3쇄)
발행처 인성재단(지식오름)
발행인 조순자
저 자 자도르
편집·디자인 백진주

정 가 26,000원
ISBN 979-11-92903-87-3